NONGYE WUXIAN CHUANGANQI
WANGLUO SHUJU CHULI FANGFA
YU YINGYONG GAILUN

农业无线传感器网络数据处理方法与应用概论

主编　李致远　吴岩　冯丽　毕俊蕾

江苏大学出版社
JIANGSU UNIVERSITY PRESS

镇 江

图书在版编目(CIP)数据

农业无线传感器网络数据处理方法与应用概论 / 李致远等主编. — 镇江：江苏大学出版社，2023.6
ISBN 978-7-5684-1983-3

Ⅰ. ①农… Ⅱ. ①李… Ⅲ. ①无线电通信－传感器－应用－农业研究 Ⅳ. ①S126

中国国家版本馆 CIP 数据核字(2023)第 099526 号

农业无线传感器网络数据处理方法与应用概论

主　　编/李致远　吴　岩　冯　丽　毕俊蕾
责任编辑/徐　婷
出版发行/江苏大学出版社
地　　址/江苏省镇江市京口区学府路 301 号(邮编：212013)
电　　话/0511-84446464(传真)
网　　址/http://press.ujs.edu.cn
排　　版/镇江市江东印刷有限责任公司
印　　刷/江苏凤凰数码印务有限公司
开　　本/787 mm×1 092 mm　1/16
印　　张/12
字　　数/273 千字
版　　次/2023 年 6 月第 1 版
印　　次/2023 年 6 月第 1 次印刷
书　　号/ISBN 978-7-5684-1983-3
定　　价/48.00 元

如有印装质量问题请与本社营销部联系(电话：0511-84440882)

前　言

当前，随着我国农业现代化进程的不断加快，农业发展面临着资源、环境与市场的多重约束，保障粮食安全、食品安全、生态安全的压力依然存在，确保农民稳定增收的任务越来越重。无线传感器网络（wireless sensor network，WSN）作为新兴科学技术，对于探索农业物联网理论研究、系统集成、重点领域、发展模式及推进路径，提高农业物联网理论及应用水平，加快农业生产方式转变，促进农民增收等均有重要意义。

与此同时，以区块链为代表的新兴信息技术为农业协同创新发展提供了新的契机。区块链是一种由多种技术集成创新而成的分布式网络数据管理技术，是一种利用密码学技术和分布式共识协议保证网络传输与访问安全，实现数据多方维护、交叉验证、全网一致、不易篡改的计算范式。区块链技术的出现极大地提升了农业信息化水平，推动了数字经济和农村经济的深度融合。

本书系统地介绍了农业物联网中无线传感器网络的数据处理方法与相关应用。无线传感器网络作为农业物联网的重要组成部分，实现了感知数据的采集、处理和传输功能，可以为温室精准调控提供科学依据，达到增产、改善品质、调节生长周期、提高经济效益的目的。在数据传输和访问安全方面，本书着重介绍了一套关于区块链赋能农产品可信溯源的相关理论与实践方法。通过在生态农业活动的诸多主体间建立互信、共识机制，降低产业发展中因信息不对称和物流耗费而产生的交易成本，从而提升产业链整体效益。

本书内容主要包括七个部分：农业物联网概论、基于农业物联网的农产品信息感知与数据采集、物联网与通信技术基础、边缘计算赋能的可信溯源监管任务卸载与资源调度技术、基于区块链的农产品数据链上操作方法、区块链赋能的可信溯源监管模型和方法、区块链赋能的可信溯源监管系统设计与实现。本书的主要目的是为农业物联网中无线传感器网络数据处理方面的设计者、研究人员、院校师生以及所有对此感兴趣的人士等全面、系统地理解和掌握农业物联网中无线传感器网络数据处理技术提供一些帮助。

本书的编写安排如下：

第1章重点阐述农业物联网的概念和内涵，以及发展农业物联网的意义，介绍农业物联网的网络架构和关键技术，最后讲述农业物联网的应用。

第2章重点阐述常用的感知设备与传感芯片，介绍自动识别技术与射频识别技术，以及节点定位技术，最后讲述农产品标签编码标准和感知设备的数据采集原理。

第 3 章重点阐述农业无线传感网络，介绍无线宽带网络和无线低速网络的相关概念和基本分类、移动通信网络的发展，以及移动通信网络中的通信标准和关键技术。

第 4 章重点阐述边缘计算基础，介绍可信溯源监管任务卸载的基本原理和相关技术方法，最后讲述可信溯源监管任务的边缘计算方法，包括可信溯源监管任务的边缘资源调度技术和可信溯源监管任务的路径规划与迁移技术。

第 5 章重点阐述区块链基础知识和区块链四大关键技术，介绍区块与交易以及区块链智能合约的脚本语言，最后讲述农产品数据的链上操作。

第 6 章重点阐述农产品追溯模型的可信性需求和基于区块链的农产品可信追溯框架，介绍边缘用户机制以及动态追踪机制和快速溯源机制，最后讲述溯源数据的发布与追责。

第 7 章首先阐述传统农产品溯源流程分析，然后介绍如何基于区块链的溯源设计方案和基于区块链的溯源构建模型，最后讲述系统实现和系统测试。

本书在编写过程中参考和引用了一些国内外专家学者的研究文献和资料，在此表示诚挚的谢意。江苏大学计算机科学与通信工程学院的实验室研究生徐晓萍、张增翔、吴越、张佳、周胜、赵浏阳为本书的出版提供了支持，感谢他们。最后，感谢国家重点研发计划项目（2020YFB1005503）、江苏省自然科学基金面上项目（No. BK20201415）、江苏大学研究生院专著教材出版项目的资助，感谢在本书构思和编写过程中给予支持和帮助的领导及教职员工，感谢所有为本书出版付出辛勤工作的工作人员。

限于撰写水平，书中难免存在不足之处，恳请广大读者批评指正。

目　录

第1章 农业物联网概论

1.1 农业物联网的概念和内涵

1999 年,美国麻省理工学院的 Ashton 教授在研究射频识别(radio frequency identifica-tion,RFID)时首次提出物联网(internet of things,IoT)的概念。2003 年,美国 SUN 公司具体介绍了物联网的基本流程并提出了相应的解决方案。2008 年,"智慧地球"概念的提出使物联网受到美国政府的高度关注,奥巴马对"智慧地球"的构想做出了积极回应。

目前,国际公认的物联网定义是由国际电信联盟(international techcommunication union,ITU)提出的。ITU 认为,物联网是通过各种信息传感设备和系统,如扫描仪、传感器、射频识别装置、全球定位系统(global positioning system,GPS)等,基于信息整合技术和无线通信整合的 M2M(machine to machine)无线自组织通信网络将任何物品与 Internet 连接,进行信息交换和通信,实现智能化识别、定位追踪、管理监控的一种智能网络。

在国内,工业和信息化部电信研究院认为,物联网是互联网和通信网的拓展应用和网络延伸,物联网利用感知技术与智能设备对物理世界进行感知识别,通过网络传输互联进行计算、处理和知识挖掘,实现人与物、物与物的信息交互,达到人对物理世界实时控制、精准管理和科学决策的目的。

无论是国际电信联盟对物联网的定义,还是中国工业和信息化部电信研究院对物联网的定义,尽管它们在文字和表达上有所差异,但对物联网的本质解释没有什么不同。简而言之,物联网包含了感知、传输、处理和应用四个层次。

为进一步适应科学技术的发展,更好地服务于人类,物联网技术和很多行业相互融合,诞生了一系列概念,如工业物联网、农业物联网等。近年来,物联网技术与农业领域逐渐密切结合,形成了农业物联网。农业物联网,即通过各种仪器仪表实时显示或作为自动控制的参变量参与到自动控制中的物联网。它可以为温室精准调控提供科学依据,达到增产、改善品质、调节生长周期、提高经济效益的目的。农业物联网的一般应用是将大量的传感器节点构成监控网络,通过各种传感器采集信息,帮助农民及时发现问题,并且准确地确定发生问题的位置。这样,农业将逐渐从以人力为中心、依赖于孤立机械的生产模式转向以信息和软件为中心的生产模式,大量使用各种自动化、智能化、远程控制的生产设备。

1.2 发展农业物联网的意义

物联网是继计算机、互联网与移动通信网之后的又一次信息产业浪潮,对于农业发展具有重大意义。农业是物联网技术的重点应用领域之一,也是物联网技术应用需求最迫切、难度最大、集成性特征最明显的领域。

(1) 农业物联网是推动精细农业应用的重要驱动力

精细农业是基于信息和知识进行作物生产管理的复杂农业生产体系的精耕细作、精细经营的技术,其主要利用传感技术、生物技术、智能决策技术等一系列新兴技术实现对农业装备的智能化控制,从而构建对农业生产过程进行智能决策、量化分析、定位操作的现代农业生产管理技术体系。精细农业是 21 世纪农业发展的重要方向之一,但目前实现精细农业仍有很多阻碍,其中在农田管理中获得高效且低成本的传感技术和智能决策方法是十分困难的。随着物联网技术的发展,通过感知技术可以获得更多的信息,包括农田环境信息、外部环境信息、作物信息、农机作业信息等,它们为精细农业提供了丰富的实时信息,也为农业智能管理带来了很多便利。此外,全面互联共享能够获得更多的网络服务,从而进一步提高精细农业的决策水平和作业实施水平。

(2) 农业物联网是农业信息化应用优先发展的领域

当前,我国农业发展面临着生态环境恶化和资源紧缺的双重约束,面临着资源高投入与粗放式经营的矛盾,面临着农产品质量安全问题的严峻挑战,因此迫切需要加强以农业物联网为代表的农业信息化技术应用,实现农业生产过程中对动植物、环境、土壤从宏观到微观的实时监测,提高农业生产经营精细化管理水平,达到合理管理农业资源、降低成本、改善环境、提高农产品质量和产量的目的。从应用层面看,农业物联网应当在水资源、土壤、生态环境监测、可持续利用、农业生产过程精细管理、农产品安全可追溯系统和大型农机作业服务调度、故障诊断等领域优先发展;从技术层面看,农业物联网应当优先在重点农业综合开发区发展 3S 技术[①]基础设施与服务平台建设,突破适于农业作物和环境条件下使用的信息获取低成本的传感技术、面向不同应用目标的信息智能化处理技术和科技成果产业化发展模式等关键共性问题等。

(3) 农业物联网将成为未来农业发展的重要新方向

物联网被全球视为信息技术的第三次浪潮,是确立未来信息社会竞争优势的关键之一,必将为改造传统农业、加快转变农业增长方式、发展优质高效高产安全的现代农业发挥重要作用,引领未来农业的发展方向。我国在农业发展方向上面临着新的机遇和挑战,要实现将农业生产从粗放型经营向集约化经营方式的转变、从传统农业方式向现代农业

---

① 3S 技术:全球定位系统(global positioning system, GPS)技术、地理系统(geographic information system, GIS)技术、遥感(remote sensing, RS)技术。

方式的转变,必须聚焦农业科技前沿,大力发展农业信息技术,提升我国农业物联网的技术研发与应用水平。随着农业物联网技术的快速发展,农业物联网的应用将会解决一系列关于广域空间信息获取、可靠高效的信息互联和传输,以及面向不同生态环境和不同应用需求的智能决策系统集成的技术问题;农业物联网技术将是实现从传统农业向现代农业转变的加速器和助推器,也将为培育农业物联网相关新兴技术和相关服务产业发展提供无限可能。

1.3　农业物联网网络架构

传统物联网一般分为感知层、传输层与应用层三层。为适应农业物联网的不同应用场景需求,满足不同的系统架构,经过多次改进,农业物联网的技术架构主要由 6 个层面构成,即应用层、数据处理层、网络层、中间件层、异构网络适配层、感知层,如图 1-1 所示。通过细化每层的功能,构建面向服务的农业物联网系统架构,达到整合现有应用、避免"信息孤岛"出现的目的,并能实时包容新、旧传感器设备以及网络设备,为构建"一站式农业服务"打好基础,实现农业产品产前、产中、产后等各环节的集成服务。下面分别介绍表层的研究重点。

(1) 应用层

应用层的研究重点包括以下方面:

① 农业智能决策模型、云服务、边缘计算、云技术、区块链等技术的研究。

② 大数据处理技术及信息处理技术的研究。

③ 智慧农业领域智能设备的研究。

(2) 数据处理层

数据处理层的研究重点包括以下方面:

① 提供面向服务的综合业务处理功能和发布预订阅功能。

② 用户权限认证功能的研究。

③ 对数据进行统一管理并进行数据处理和标准化,提供统一的数据交换格式。

④ 通信管理、事件管理、调度管理等功能的研究。

(3) 网络层

网络层的研究重点包括以下方面:

① 大批量数据实时传输的效率问题。

② 数据在传输过程中响应的实时性问题。

③ 传感器的自组网、多模式、定向传播的网络部署与管理。

④ 物联网数据传输的稳定性研究。

(4) 中间件层

中间件层的研究重点包括以下方面:

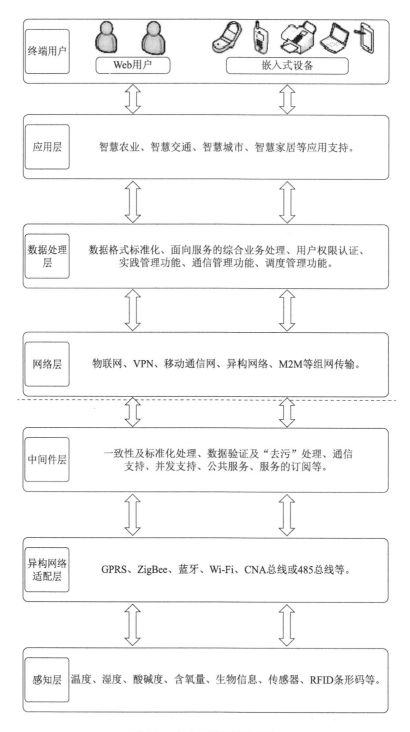

图 1-1　农业物联网网络架构

①　通信支持。中间件解决了分布式服务或系统的交互问题,提供了通信支持以屏蔽底层复杂的接口。

②　并发支持。中间件对农业应用系统提供并发支持,主要是提供一种"单进程"或

"单线程"的编程模型,开发者在开发系统时,无须考虑并发对程序造成的影响。

③ 公共服务。中间件提供了一种公共服务供系统使用,这种公共服务不特定针对某种或某类农业系统,而是通过中间件将应用中的共性抽取出来,大大减少系统开发的工作量。

④ 服务的分布、订阅等服务问题的研究。

（5）异构网络适配层

异构网络适配层的研究重点包括以下方面:

① 不同网络通信接口标准化的研究。

② 面向众多复杂的农业应用环境以及多种传感器环境实时通信标准及效率的研究。

③ 高可靠性、有效性、自适应的接口技术研究。

（6）感知层

感知层的研究重点包括以下方面:

① 敏感材料、新型传感器、工艺方法、技术方法等的研究。例如,生物传感器、光学传感器及微纳传感器等。

② 农机作业设备的相关研究。例如,油耗、农机作业定位、远程故障判断、农业设备驾驶员的生理状态在线监测及远程控制农机设备等。

③ 农产品、动植物远程视频采集数据分析技术的研究。通过分析图像、视频,对农产品生产过程的生长状态进行自动识别分析。例如,农产品由于病变造成外形、颜色发生变化,与正常农作物比对后,提醒农业工作人员及时处理。

④ 酸碱性、土壤的营养元素分析、盐分、重金属元素等检测的传感器与农业设备的研究。

⑤ 生物识别设备的研究。例如,RFID 装置等。

⑥ 传感器在恶劣环境下和相关人为因素干扰条件下的稳定性研究。

⑦ 传感器网络的抗干扰问题和安全性问题的研究。

⑧ 传感器节能化、微型化、有效性、高性价比的研究。

1.4　农业物联网关键技术

1.4.1　农业信息感知技术

农作物的种类繁多,不同农作物对生长环境有着不同的要求。例如:番薯、马铃薯等生存能力强,对环境要求不高,被称为刚性作物;小麦、水稻、玉米等对环境要求一般,被称为中性作物;水果、草药等对环境要求很高,被称为弹性作物。随着科学技术的发展和生活水平的提高,人们对弹性作物的需求日益增加,但各地的气候环境不同,大大限制了弹性作物的生长。目前,人们主要通过人工环境来种植这类作物。因此,人工环境的管理和控制成为培育弹性作物的重要环节。农业感知系统通过各种类型的传感器可以实时管理和控制人工环境,为弹性作物的生长提供有力保障。

传统农业种植往往需要投入大量的人力和材料,如人工施肥、灌溉、湿度控制、病虫害防治等,这些投入产生的收益远远比不上信息化控制产生的收益高。农业感知系统不仅会指导农民合理施肥、高效灌溉以及有效预防病虫害等,而且集成了一些自动化感知控制系统,如自动补光系统和自动灌溉系统等。因此,利用农业感知系统不但能够大大提高人工效率,实现增产增收,而且农产品品质也会得到大幅度提高。从事农产品种植的群体主要集中在农民阶层,由于农村教育和科技水平相对落后,其种植方法往往是从祖辈的历史经验中获得的。随着我国城乡一体化进程的不断扩大,大量务农青年从农村转移到城市,这使得祖辈遗留下来的宝贵种植经验难以得到继承和发扬。引进的一些具有高科技含量的新作物需要更多全新的种植经验,但是具有全新种植经验的人才十分稀缺,且推广这类经验的渠道也十分狭窄,这给农业发展带来了瓶颈。因此,我们迫切需要一个智能系统来指导这些作物的培育。农业感知系统综合考虑以上需求,集成了各种作物生长过程的信息模块,只需要掌握一些简单的计算机知识,就能种植出理想的农产品。

近年来,由于水资源匮乏,土壤不断硬化,农业可持续发展面临前所未有的困难和挑战。造成农业环境恶化的直接原因正是人类有意或无意地对大自然的破坏。利用农业感知系统能够实时监测土壤品质,引入先进施肥技术对农作物进行按需按量施肥,进一步保护农业环境,使农业成为真正的高效农业,彻底打破传统农业"凭借经验种植、靠天吃饭"的格局,智能化、自动化、精准化地推进农产品的模式革新,促进农产品种植管理水平全面提升。

从源头做好农产品品质、产量保障,带动农民增产增收,推动农产品种植从传统的以人力为中心、依赖孤立机械的生产模式逐步转向以信息和软件为中心的生产模式,加快智慧农业、现代农业的发展进程,是当前我国作为农业大国的主要发展趋势,而"物联网+农产品种植"将是这一趋势不断推进的新引擎。

农产品信息感知是实施精准农业中最为基本和关键的问题。农产品的生长环境信息主要包括土壤电导率、土壤湿度、养分和光照强度等。

(1)土壤电导率的感知技术

在生态学中,电导率是以数字表示溶液传导电流的能力,单位是西门子每米(S/m)。土壤物理学的研究表明,土壤电导率包含了很多反映土壤品质的信息。因此,测量土壤电导率对农产品生长具有十分重要的意义。

土壤电导率的测量方法主要有实验室测量法和现场测量法两大类。其中,实验室测量法采用的是传统的理化分析手段:首先制取土壤浸提液,然后使用电极法测量浸提液的电导率,通过浸提液的测量值表征土壤电导率的变化。这种传统的实验室测量法具有较高的测量精度,是评价土壤电导率大小的基准,但测量过程烦琐,且耗时较长,不能满足实时测量土壤电导率的要求。相比之下,现场测量法具有非扰动或小扰动的优点,并且能满足实时测量的要求,因此现场测量技术成了当今国内外土壤电导率研究的热点之一。现场测量法包括非接触式测量法和接触式测量法。其中,非接触式测量法主要是指电磁感应法(electromagnetic method inductive,EMI),接触式测量法包括电流-电压四端法和时域反射法。

1)采用电磁感应法测量土壤电导率

电磁感应法是典型的非接触式土壤电导率测量方法,主要利用受原始地下场感应而生成的地下交变电流所引起的电磁场来检测土壤电导率。图 1-2 所示为电磁感应法测量原理,其中电磁感应仪 EM38 的总长度为 1 m,主要由信号接收(Rx)和信号发射(Tx)两个端口组成,两者之间相隔一定的距离(S),发射频率为 14.6 kHz。

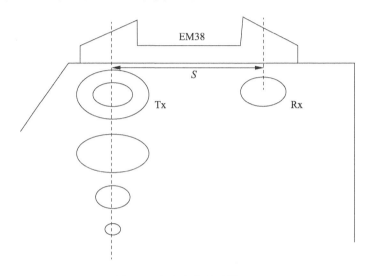

图 1-2 电磁感应法测量原理

采用电磁感应法测量电导率时,首先在信号发射端产生随大地深度的增加而逐渐减弱的原生磁场,原生磁场的强度随时间的变化发生动态变化,因此该磁场能够使大地中出现较弱的交流感应电流。这种电流又诱导出了次生磁场,信号接收端既可以接收原生磁场信息,也可以接收次生磁场信息。通常,通过原生磁场和次生磁场的强度、两者之间的距离,以及交流电频率等相关信息可以计算出土壤电导率。

2)采用电流-电压四端法测量土壤电导率

所谓电流-电压四端法,即测试系统包括两个电流端和两个电压端,两个电流端提供所需的测量激励信号,通过检测两个电压端的电位差算出介电材料(土壤)的电导率。

电流-电压四端法属于接触式测量方法,虽然接触测量,但是不需要取样,基本不用扰动土体,并且在农作物生长前和生长期间都可以实时测量不同深度的土壤电导率。在电极和土壤接触良好的前提下,测量值与土壤浸提液电导率值有较好的相关性;但在多石沙或含水量较低的土壤中测得的电导率相关性较差。

3）采用时域反射法测量土壤电导率

时域反射法（time domain reflectometry，TDR）是一种利用送入传输线的脉冲的反射能量来测量传输线阻抗的方法。当脉冲送入传输线时，脉冲以光速在介质中传播。当脉冲遇到阻抗不匹配点时，不匹配的能量会反射回脉冲源，整个过程所用时间为从脉冲源到达阻抗不匹配点所用时间的两倍。

1975年，Tiemann和Giese通过实验发现，将TDR的探头浸入不同电导率的溶液中，电磁脉冲的形状会发生变化，由此可以估计溶液的电导率。1984年，Dalton等利用同样的探头研究TDR测量信号在土壤中传播的衰减规律，阐述了TDR技术的土壤电导率测量方法。除此之外，加拿大农业土地资源研究中心利用TDR方法测定水-土混合物的介电常数，并由此得到反映土壤含水率与水-土混合物介电常数关系的两个回归方程。实践证明，该方法在品质相对较差的土壤中仍适用。Zegelig根据探针周围的电场分布提供了不同的探针标准，从而扩展了TDR技术的使用。

（2）土壤湿度的感知技术

土壤湿度决定了农产品的水分供应情况，土壤水分是植物赖以生长的物质基础。对于土壤表层（或耕层）湿度的测量，掌握其土壤水分含量的变化情况，对于农产品生长研究具有重要的意义。

从古至今，对土壤水分含量检测方法的研究众多，也派生出多种检测方法，但目前尚未找到一个万能的检测方法。不同的应用场景需要使用不同的土壤水分检测方法，主要的检测方法及其分类如图1-3所示。其中，烘干法是最常用的测定土壤含水量的标准方法。首先，将土壤样品置于105℃下烘干至恒重，此时土壤中的有机质不会被分解，而自由水和吸湿水全被去除；其次，计算土壤失水质量与烘干土质量的比值，即土壤含水量，以百分数或小数形式表示；最后，重复测定2~5次，取平均值。此法操作方便、设备简单、精度高，但在采样、包装和运输过程中必须保持密封状态以免水分丢失产生误差，因此通常用作土壤含水量检测方法的校正标准。中子法测量土壤含水量具有不必取样、测速快、精确度高以及可以重复进行等优点，被视为土壤含水量检测的第二种标准方法。但其存在成本高、代价大和有辐射等问题，一旦操作不当将引起辐射泄漏，导致环境污染并危害人类身体健康，因此在很多国家被禁用。

传统的电容法和电阻法等土壤含水量检测方法虽然具有价格方面的优势，但测量范围过于狭窄，且容易受土壤品质、盐分、重金属等因素影响，在田间应用不甚乐观。目前应用和研究较多的是利用介电法测量土壤的含水量。该方法对土壤中的水分非常敏感，且受土壤盐分、重金属、品质等的影响较小，被视为最具潜力的土壤含水量检测方法。介电法通过测量土壤介电常数来计算土壤含水量，主要包括时域反射法、频域传播法、频域分解法和驻波率法等。

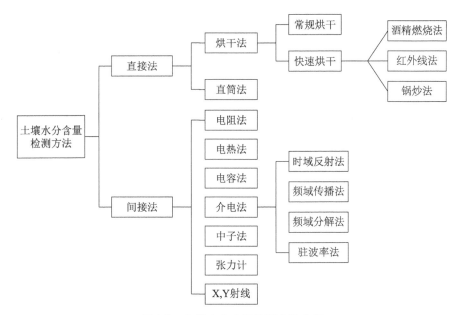

图 1-3 土壤水分含量检测方法分类

（3）养分的感知技术

在农产品生产管理过程中，常常需要根据土壤养分测量结果合理施肥，以满足农产品的生长需求。快速测定农产品生长环境中的养分信息，是实施高效施肥、防治环境污染、增加农产品产量、提高资源利用率和保障农产品生长安全的重要前提。土壤养分检测的主要对象为氮、磷、钾三种基本元素。

目前测量土壤氮、磷、钾养分的方法很多，具体涉及田间采集样本、样本前的处理方法和浸提溶液检测三部分，也可以采用光谱检测方法和电化学检测方法直接对原始的土壤测量分析，从而得出土壤养分的相关信息。

光谱检测方法是通过对土壤浸提溶液的反射光或透射光进行光谱分析，从而得到溶液中待测离子的浓度。这种检测方法效果较好，研究和应用较为广泛，主要的检测方法及其分类如图 1-4 所示。

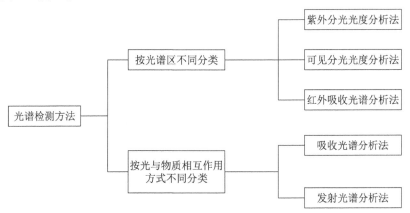

图 1-4 光谱检测方法的分类

光谱检测方法中最常用的是分光光度分析法。分光光度分析法是通过测定被测物质在特定波长处或一定波长范围内光的吸光度或发光强度,对该物质进行定性和定量分析的方法。在分光光度计中,将不同波长的光连续地照射到一定浓度的样品溶液时,便可得到与不同波长相对应的吸收强度。如以波长为横坐标,以吸收强度为纵坐标,就可绘出该物质的吸收光谱曲线。利用该曲线进行物质定性、定量的分析方法,称为分光光度分析法,也称为吸收光谱分析法。用紫外光源测定无色物质的方法,称为紫外分光光度分析法;用可见光光源测定有色物质的方法,称为可见光光度分析法。上述方法与比色法一样,都以朗伯比尔(Lambert-Beer)定律为基础。分光光度分析法的应用光区包括紫外光区、可见光区、红外光区。波长范围分为 400 nm 以内的紫外光区、400～760 nm 的可见光区和 760 nm 以外的红外光区。分光光度分析法具有操作简单、灵敏度高、速度快、精确度高等特点,且稳定性好,不消耗样品,低浓度的盐类不干扰测定,但其仪器昂贵,且不同蛋白质的紫外吸收是不相同的,测定结果存在一定误差,受光源、溶液的 pH、比色皿材质及缓冲介质溶液等因素的影响和限制。

电化学检测方法主要是利用巯基在汞滴表面产生氧化还原出现的电位变化建立的,以测定巯基来计算 MT 的含量。运用检测 MT 的电化学检测方法有示差脉冲极谱法、微分脉冲极谱法、示差脉冲阳极溶出伏安法和循环伏安法等。与光谱检测方法相比,电化学检测方法的仪器设备较简单,价格低廉,仪器的调试和操作都较简单,容易实现自动化。因此,利用电化学检测方法来检测土壤养分具有测定简单、测度灵敏度高、实时性强、经济性强等优点。

(4)光照强度的感知技术

农产品大多为植物,植物生长需要通过光合作用来储存有机物,光照强度的大小会直接影响植物光合作用的强弱,对农产品的生长发育影响较大。因此,光照强度的有效监测至关重要,主要通过光敏传感器来监测。光敏传感器是目前产量最多、应用最广的传感器之一,在自动控制和非电量电测技术中占有非常重要的地位。它的种类繁多,主要包含光电管、光电倍增管、光敏三极管、光敏电阻、红外线传感器、太阳能电池、紫外线传感器、色彩传感器、CMOS 传感器和 CCD 图像传感器等。最简单的光敏传感器是光敏电阻,当光子冲击接合处时就会产生电流,从而检测出光照强度。图 1-5 所示为常见的光敏传感器。

(a) SGT5539ED光敏传感器

(b) 亮度光敏传感器

图 1-5　常见的光敏传感器

光敏传感器是利用光敏元件将光信号转换为电信号的传感器,它的敏感波长在可见光波长附近,包括红外线波长和紫外线波长。光传感器不只局限于对光的检测,还可作为探测元件组成其他传感器,用于非电量检测,只要将这些非电量转换为光信号的变化即可。

1.4.2　农业信息传输技术

农业物联网中的信息传输技术是一种实现多种农业信息获取与检索、传递与存储,以及分析与利用的技术。该技术支持农产品自动化生产管理、环境实时监测、农业发展指导,能够最大限度地降低由各种自然灾害造成的农业生产损失,进一步提高对农业与经济发展的相关政策决策水平,从而达到科学管理、提高农产品品质、降低生产成本、提高经济收益、推动农业科学技术发展与研究的目的。

农业物联网中的信息传输技术主要分为有线通信与无线通信两种方式,基本分类如图 1-6 所示。常见的有线通信技术主要包括光纤通信技术、电力载波技术、程控交换技术、现场总线技术等。常见的无线通信技术主要包括调频通信技术、射频通信技术、蓝牙/ZigBee 技术、移动通信技术(如 4G/5G 通信技术)等。随着现代通信技术的发展,越来越多的新型关键通信技术和组网模式被应用到农业物联网场景中,并逐步在通信带宽、通信速率、组网效率上突破。

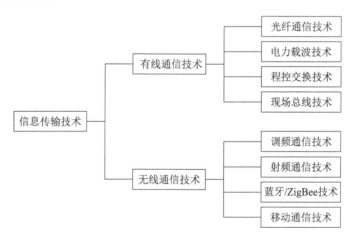

图 1-6　信息传输技术的基本分类

根据应用情况,本章着重介绍如下几种经典常见的信息传输技术,分别为现场总线技术、4G/5G 移动通信技术,以及基于调频通信的 LoRa 技术和基于射频通信的 NB-IoT 技术。

(1)现场总线技术

现场总线是在电气工程和自动化领域发展起来的一种工业数据总线,主要解决工业现场的智能化仪器仪表、控制器、执行机构等现场设备间的数字通信问题,以及这些现场控制设备和高级控制系统之间的信息传递问题。现场总线由于具有指定简单、结果可靠、经济收益高等一系列优点,因此受到了很多研究人员的青睐,发展速度很快。

现场总线技术作为一种典型的有线传输技术,主要用于测量位置固定、需要长期进行连续监控的场景。虽然有线传输技术具有传输速度相对较快、传输可靠性高等优点,但其传输方式形式单一,只能够与固定的终端设备或控制端服务器相连,且过程单一死板,可扩展性较差。现场数据传输和勘探时,如果原有布线预留的接入端口不够,就需要重新布置线缆,将造成大量的人力财力损失、工期延长。

（2）4G/5G 移动通信技术

随着无线技术的飞速发展,无线通信技术已经可以满足更大规模、更高需求以及更加安全的农业信息传输。相比有线通信,无线通信具有接入方式灵活、不易受到环境和人为因素的干扰、可以节省大量费用等优点。

4G/5G 通信技术是信息传输技术中典型的无线通信方式。4G 技术为第四代移动通信及其技术的简称,是集 WLAN 与 3G 于一体并能够传输高质量视频图像,且图像传输质量与高清晰度电视不相上下的技术产品。4G 通信技术的根本目的是能够在各终端产品间发送、接收来自另一端的信号,并在多个不同的网路系统、平台与无线通信介面之间找到最快速与最有效率的通信路径,以进行最即时的传输、接收与定位等动作。

5G 作为一种新兴通信手段,通过提升 4G 的体系构架规模,实现了通信系统性能的大幅度提升。相比 4G 通信,5G 通信的数据流量约增长了 1000 倍,联网的设备数量扩大了近 100 倍,峰值速率达到了 10 Gb/s 以上,用户可获得的速率约为 10 Mb/s。5G 通信技术具有时延短、可靠性强、网络能耗低以及频谱利用率高等特性,为现代农业大数据的实时获取和场景建模提供了可靠的信息传输保障,对未来"机器换人"和农业生产智能化管理提供了有力技术支持。

（3）LoRa 技术和 NB-IoT 技术

随着物联网技术的快速发展,低功耗广域网络(low power wide area network,LPWAN)技术逐渐兴起。LPWAN 能够以更低成本和更低功耗实现广域通信,通常采用星型网络覆盖方式,在接收端及时纠正数据传输过程中注入的错误码元。同时,采用信道冲突检测机制,能够有效解决节点数据并发和丢包问题,极大地提高网络的鲁棒性。与传统农业物联网 ZigBee 技术相比,LPWAN 的信息传输能力与稳定性大幅提升,具有传输距离远、功耗低、成本低等优势,适用于少量数据长距离传输的应用场景。在 LPWAN 领域,LoRa 和 NB-IoT 这两种技术最为热门。两者虽然都是窄带物联网,但是有较大区别。表 1-1 为 LoRa 和 NB-IoT 的基本参数比较。

表 1-1　LoRa 和 NB-IoT 的基本参数比较

参数	LoRa	NB-IoT
调制方式	Css	QPSK
频段	免费的 470 MHz	授权的 800 MHz、900 MHz

参数	LoRa	NB-IoT
带宽	125~500 kHz	180 kHz
数据速率	290~50 kb/s	234.7 kb/s
链路预算	154 dB	150 dB
电源效率	很高	中等偏上
传输距离	城域 1~2 km	取决于基站密度和链路预算
区域覆盖能力	取决于网关类型	每户 40 台设备,每个单元 55000 个器件
抗干扰性	很高	低
峰值电流	32 mA	120~300 mA
休眠电流	1 μA	5 μA

LoRa 技术是创建长距离通信连接的物理层无线调制技术,属于线性调频扩频技术(chirp spread spectrum,CCS)的一种,工作频段范围在 Sub-1 GHz 以下。相较于传统的 FSK 等技术,LoRa 在保持低功耗的同时极大地增加了通信距离,且具备抗干扰性强等特点。另外,LoRa 调制扩散因子本质上是正交的,这意味着使用不同传播因子调制并同时在同一频率信道上传输的信号不会相互干扰。相反,不同传播因子的信号只作为相互之间的噪声。因此,LoRa 技术具有通信距离远、抗干扰能力强、功耗低等优点。

NB-IoT 是一种专门为物联网设计的窄带射频技术,因功耗低、连接稳定、使用成本低、架构优化出色等优点而受到青睐。它聚焦于低功耗、广覆盖的物联网市场,使用授权频段,可采取带内、保护带或独立载波三种部署方式,可与现有网络共存且平滑升级。NB-IoT 网络由终端、基站、核心网、机器对机器平台及运营支撑系统等组成。NB-IoT 技术有效解决了农田信息远程传输成本高、能耗大等问题,是农业物联网信息传输的重要手段。

1.4.3 农业信息处理技术

农业信息处理技术是指利用信息处理技术对各种农业活动信息进行整理、分析、加工和挖掘等,实现智能判断和决策,从而为农业智能化控制提供理论依据。农业信息处理技术的应用,尤其是遥感技术(RS)、全球定位系统(GPS)、地理信息系统(GIS)的应用,因具有宏观、实时、成本低、速度快、精度高的信息获取特点,高效的数据管理及空间分析能力,而成为重要的现代农业资源管理手段,广泛应用于气候、土壤、水、农作物品种、动植物类群、海洋生物等资源的清点与管理,以及全球植被动态监测、土地利用动态监测、土壤侵蚀监测等方面。经过多年发展,农业信息处理技术已经成为物联网的关键技术之一,主要包括农业智能控制技术、农业智能决策技术、农业预测技术、农业视觉处理技术和农业诊断推理技术等。

（1）农业智能控制技术

农业智能控制技术是指在农业领域中给定一些约束条件,将计算机科学、控制论、统筹学和信息论等众多学科进行综合,取得基于相关场景下的最优控制。农业智能控制系统可以根据实时的农田环境数据、农产品生长状况,借助图像处理技术、数据挖掘技术,结合专家决策库给出的相关决策,自动控制农业设备,调节农产品生长的环境参数,控制农产品的生长情况。农业智能控制系统如图1-7所示。

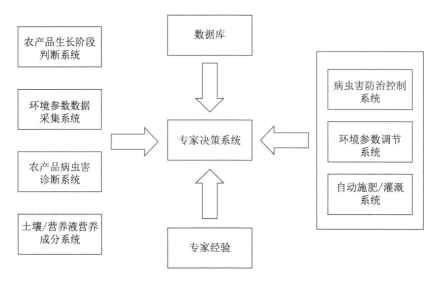

图1-7　农业智能控制系统

（2）农业智能决策技术

农业智能决策技术是农业信息处理技术的重要组成部分,在农业领域的应用大致有以下方面:人工智能、智能决策支持系统、农业管理系统、农业专家系统和农业信息系统等。

由于生产方式多种多样,生产过程中的不确定因素较多,因此现代农业系统是一个极其复杂的巨大系统。农业生产智能化、精准化是农业信息化的重要分支之一,也是实现农业现代化的必然要求。通过农业智能决策可以充分利用人类知识和相关数据,建立精确的农业智能决策系统,为农业生产者、管理者、技术人员提供智能化、精准化的农业信息服务。表1-2中列举了几种农业智能决策方法的特征。

表1-2　几种农业智能决策方法的特征

特征	神经网络	遗传算法	数学模型方法	基于规则的系统
准确性和可获得性	低、中、高	低、中、高	高	高
响应时间	高	中、高	低、中、高	中
结果可读性	低	低	高	高
问题复杂性	高	高	低、中	低、中

续表

特征	神经网络	遗传算法	数学模型方法	基于规则的系统
实时性	中	中	高	高
灵活性	高	高	低	中
规模扩充性	高	高	低	低
模块封装性	高	高	高	低
资源占有量	低	低	高	中
容错能力	高	高	低	低

（3）农业预测技术

农业预测技术以环境因素、土壤情况、天气情况、农产品生长状况、农业生产条件、化肥农药、航拍或卫星影像等实际农业信息为依据,以经济理论为基础,以数学建模为手段,对研究农业对象未来发展的可能性进行预测和估计,对可能出现的不正常情况进行预报并且提出预防方法。

农业预测的方法多种多样,包括回归预测方法、时间序列分解法、时间序列平滑预测法、趋势外推法、自适应过滤法、博克斯–詹金斯法、神经网络方法和粒子群优化算法等。农业预测主要分为五个步骤:① 明确预测的对象,即界定问题;② 归类处理,细化概念;③ 建立决策分析模型;④ 求解、检验模型;⑤ 得出决策分析报告。

（4）农业视觉处理技术

农业视觉处理技术是利用图像处理技术对采集的相关农业场景图像进行处理,从而实现农业场景的目标识别和理解的过程。基本视觉信息包括形状、颜色、条纹、大小等。

农业视觉处理过程如图 1-8 所示。

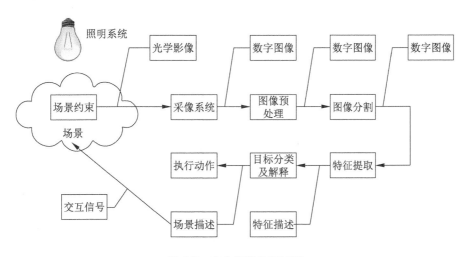

图 1-8　农业视觉处理过程

首先,利用采像系统进行图像采集,其关键是构造照明系统。图像采集完成后,对图像进行预处理,目的是消除图像噪声和抑制图像背景,以便获得清晰的目标农产品。其次,进行图像分割,目的是通过划分图像区域来提取目标农产品的特征。图像分割的方法有很多,如阈值法、区域法、聚类法、追踪法等。在图像分割后进行特征提取,得到目标农产品的初始特征集合,通常以形状、颜色、条纹、大小为提取特征。再其次,特征提取后进行目标分类及解释,分类一般要构造一个或多个决策函数,主要用来计算分类目标和指定物体间的相似程度,并通过分类规则进行分类。最后,根据图像处理分析结果,反馈给执行机构,实现最先设定的任务。

(5) 农业诊断推理技术

农业诊断推理是指农业诊断专家根据诊断对象所表现出的相关特征信息,采用一些有效诊断方法进行目标识别,以此判断客体是否处于健康状态,并找出相应的原因,提出改变不正常状态或预防其发生的解决办法,从而对客体状态做出合乎客观实际的结论。农业诊断推理技术主要运用数字化表示及函数化描述的知识方法,构建基于"识别症状—分析疾病—得出病因"的诊断推理模型。

农业诊断方法基本可以分为三类,即基于信号处理的方法、基于模型解析的方法和基于知识诊断的方法。诊断推理过程可分为四个步骤,即获取诊断资料、分析获取的资料、诊断推理阶段、治疗阶段。

1.5 农业物联网关键技术的应用

1.5.1 农业信息感知技术的应用

目前,国内农业领域已经开始运用一些农业信息感知产品,但大多数产品还停留在实验阶段,在可靠性、稳定性、低功耗等性能参数方面与国外的产品相比还有一定差距,不能广泛推广。

基于统一标识体系所建立的无线传感器网络,可以在统一规划前提下兼容现有的基础建设体系,避免信息资源的重复建设,及时发现问题、排除故障,实现对农业环境监测的精准信息搜寻。在农业个体标识技术方面,建立统一的标识体系是农业物联网建设的基础。农业物联网经由基础网络、传感器、全球定位系统(GPS)、射频识别(RFID)、条形码等相关信息承载技术,实现具体对象(如人、传感器、农业设备、农产品等目标对象)的定位、查找和信息追溯。其中,RFID作为一种无线通信技术,可以通过无线信号自动识别和感知贴附在物体上的射频标签并读写相关数据。RFID不仅具有防磁、防水、耐高温、读取距离远、标签数据安全、存储容量大、存储信息更改自如等优点,还能实现多标签的防冲突操作,从而解决很多传统识别技术缺陷。以上特点使得RFID成为实现农业物联网个体规模化识别的主要技术。张琼、刘畅、熊琼等将RFID标识识别技术延伸至精确位置识别、定位和自主导航上。此外,Lascio E、Varshney A、Voigt T等通过对RFID链路和碰撞协议、标签技术、远距离通信等方面的研究进一步改进了 RFID,使其适应更多的应用场景。

农业信息感知机理与工艺的主要研究和发展都集中在新型电化学感知机理、光学感知机理、电学感知机理、遥感学等方面。

新型电化学感知机理在农业中针对有害物质、重金属监测具有很好的效果。例如,Loo A H、Sofer Z 等基于纳米技术与纳米材料发展,实现了单链 DNA 在电极表面的固定;高成耀、佟建华、边超等基于电化学感知机理,对有毒物质、重金属的痕量监测进行研究,并取得了较好的效果。

已有研究证明,相比新型电化学传感器,基于光学感知机理的传感器不需要电极与被检测物品发生化学反应,因此不存在电极发生表面钝化、中毒、电极膜污染等问题,稳定性和重复性良好,能够实现长期在线监测。近年来,农业物联网应用的光学感知机理主要包括荧光淬灭效应、分光光度法等。左显维、冯治棋、胡艳琴等详细研究了荧光淬灭效应;黄玉芳、叶优良、杨素勤等研究了分光光度法的使用方法和注意事项;李杰、李蒙蒙、孙立朋等研究了运用光纤倏逝场效应检测氨气的方法。这些研究在农业物联网领域具有极大的应用潜力。

电学感知机理在农业物联网中主要用于温湿度的测量。Hutton R J、Loveys B R 等经过研究证明了介电法是土壤水分定量检测的最佳机理。姜明梁、方嫦青、马道坤等基于介电原理运用频域法(FD)和时域反射法(TDR)测量了土壤含水率。TDR 是国外测量土壤水分的主流方法,也是国内需要深入研究的农业物联网热点之一。

遥感学的理论基础是相关物质成分在不同波段电磁波下的光谱吸收和反射特征。遥感技术具有重访周期短、覆盖面积广、获取成本低等优点,对大面积露天农业生产的调查、监测和管理具有独特的作用,能够解决农产品种植种类分散、地域复杂等难题。Jiao X F、Kovacs J M 等将农业遥感技术分为四大研究方向:农作物估产、农业资源调查、精准农业、农业灾害预报。

1.5.2 农业信息传输技术的应用

近年来,农业物联网信息传输技术的研究热点主要集中在无线传输技术和有线传输技术,包含农业现场总线技术和农业无线传感器网络等方面。

(1)农业现场总线技术

农业现场总线是基于恶劣环境信息传输设计的,保证了农业机械系统的可靠性和实时性。目前,农业现场总线主要有控制器局域网(CAN)总线和 RS485 总线。此外,对于特定厂商的硬件产品,还包括 Avalon 总线、LON 总线、LonWorks 总线和 1-wire 总线等。

CAN 总线协议是嵌入式工业控制局域网、汽车计算机控制系统的标准总线,具有可靠性高、纠错能力强等优势,是农业机械自动化控制、农业物联网、精准农业中应用最广泛的总线技术。刘晓光、张亚靖、胡静涛等详细介绍了国际标准化组织基于 CAN 2.0B 协议制订的农林业机械专用的串行通信总线标准 ISO 11783 协议。刘传茂、王熙等将此协议应用于农机数据采集传输。高祥、居锦武、蒋劢等基于此协议设计了分布式农业温室控制系统。祝敏使用此协议实现了农业环境监控。宋娟、李伟、李庆锋等使用此协议实现了智能节水灌溉。

RS485 总线是一种常见的串行总线标准,具有使用灵活、方便维护等优点,被广泛应用于农业监控系统。可晓海、张文超、唐开辉等对 RS485 总线采用平衡传输方式,证明了二线制可以实现多端点双向通信、抗干扰能力强、传感器节点的局域网兼容组网。

农业现场总线技术实现了农业控制系统的网络化、分散化、智能化;同时,其稳定性强、不易受干扰、出错率低,是农业物联网关键节点间进行可靠信息传输的必备技术。由于关键节点间的信息传输往往关系到业务的正确执行与信息的互通共享,因此,即便通过其他信息传输方式实现通信,也应该尽可能配置一条农业现场总线作为其他传输方式故障时的紧急信息传输通道。

(2) 农业无线传感器网络

无线传感器网络(WSN)是由大量具有无线通信和数据处理能力的微型传感器节点组成的网络,根据通信距离和覆盖范围分为无线广域网技术和无线局域网技术。在无线广域网技术中,低功耗广域网技术是近年来物联网研究的热点之一。相较于传统的无线广域网蜂窝移动通信技术(如 3G、4G 等),低功耗广域网具有成本较低、功耗较少的特点。无线局域网技术是一种短距离的通信技术,主要包括 Wi-Fi、ZigBee 和蓝牙。

Lopez J A 等把无线传感器网络应用在西班牙干旱地区 Murcia 的一个农场中,为了监测土壤含水量、含盐量和温度的变化,他们设计了分布在田间的环境节点、土壤节点、网关节点和水节点的传感器网络拓扑结构,并给出了节点硬件和软件的组成。Green O 等成功在饲料仓内利用无线传感器网络监测温度变化,得到的信号传输可靠性为 98.9% ~ 99.4%,预测精度为 90.0% ~ 94.3%。李莉等把无线传感器网络应用在温室环境,系统控制终端基于嵌入式 Linux 系统和 ARM9 进行设计,用于温室环境数据的接收、实时显示和存储,通过 GPRS 方式实现与远程管理中心的通信。张荣标等基于 ZigBee 的无线传感器网络,根据温室结构特征提出一种动态星型无线传感器网络框架,从低功耗、低成本的角度出发,尽量缩短点对点通信距离。蔡义华等设计了一种基于 WSN 的农田信息采集节点系统,使用嵌入式处理器开发了无线传感器网络节点和汇聚节点,实现了对大量农业信息的实时显示和存储。Li Z、Wang N 等研究了 2.4 GHz 无线传感器网络中收发器安置高度、节点距离、农作物高度三个因素对传输功耗损耗的影响,最后得出结论,在保证有效传输信号的前提下,可通过专家分析决策选择最合适的农田节点布置距离。

1.5.3 农业信息处理技术的应用

农业信息处理技术在农业物联网中有着相当重要的作用,能够为研究者和工作人员提供技术指导、资料查询、辅助决策及智能调控等服务。它不仅是实现农业信息有效传递、分析转换、智能应用的重要手段,更是实现农业生产智能化的关键。

（1）农业数据处理技术

想要从种类繁多且数量巨大的农业数据中选择有用信息，传统的计算方式已经无法满足人类需求，大数据的处理分析迫切需要从处理单一数据集向迭代增长数据集、从处理结构化数据向处理非结构化数据、从批处理向流处理、从验证性分析向探索性分析、从集中式分析向分布式分析转变。

由于农业物联网往往连接着很多个节点，部署时要精准定位每个节点的位置并了解各种节点的功能，但节点的异构性和数据类型的多样化给信息处理带来了极大的困难。因此，提高信息处理能力和网络性能受到众多学者的重视，组网、路由和信息机制等相关方法也得到了广泛的关注和研究。为了提高计算能力，计算技术由早期的并行计算发展到如今的云计算。农业云计算最早使用的是 MapReduce 模型。MapReduce 最早是由 Google 公司研发的一种面向大规模数据处理的并行计算模型和方法，后来逐渐演变成一种分布式编程模型，其"并行处理"的思想被广泛应用于云计算任务调度中。如今，MapReduce 架构已经逐渐退出开发一线，取而代之的是 Hadoop 架构。它的基本思路与 MapReduce 架构基本相同，还融合了 Google 云存储技术、Google 文件系统等引擎，能够更好地服务于云计算。伴随着近年大型企业对大数据处理的需求和降低成本等的要求，Spark 架构开始盛行。Spark 同样基于 MapReduce 模型，但具有更强的高速计算能力，可以和 Hadoop 中的分布式文件系统协同使用，从而高效且低成本地解决农业数据处理问题。

（2）农业预测预警技术

农业预测预警是控制调节生态环境的前提和基础，而实现农业预测预警是农业信息智能处理的重要应用。在国外，美国等国家研究了大量的软件及预测模型和预警模型，并广泛应用于实践。在国内，张克鑫等基于 BP 神经网络对叶绿素 a 的浓度开展了预测预警的相关研究，并应用在湖南镇水库中；李道亮等在河蟹养殖水质的预测预警模型研究和应用中基于粒子群优化算法（PSO）和最小支持向量回归机（PSO-LSSVR）开发了一种水质预测模型，并基于粗糙集和支持向量机（RS-SVM）开发了一种水质预警模型。

（3）农业数据挖掘技术

随着众多新型物联网设备（如传感器）的普及，农业大数据呈现出快速爆发的趋势，海量农业数据日益表现出实时性强、结构复杂、模式多变等特征。传统农业数据统计方法越来越不能适应农业智能信息处理的需求，因此研究数据挖掘技术成为发展信息处理技术的必然选择。

农业数据挖掘技术是挖掘农业资源环境、生产、加工和营销等整个产业链的有价值信息，并对其进行抽象描述的高效工具。它借助经济统计学方法，量化农业的对象、行为和关系，并挖掘农业数据中蕴藏的价值信息。近年来，农业数据挖掘技术受到了众多学者的关注与研究。

有些学者着重于农业数据挖掘的系统构建问题和实现问题。刘天垒等通过梳理常用数据挖掘技术算法，选取恰当的算法予以计算机程序加以实现，并以实现的算法为核心研发了一种基于 Web 的农业数据挖掘系统。侯亮等通过分析农业数据的特点、现状和优势,构建了一种基于 Hadoop 平台的农业大数据挖掘系统。柴进等以中国农科院提供的相关农业数据为研究对象,设计出一种基于 Hadoop 平台的农业数据挖掘系统,在系统架构方面设计了高效易扩展的分布式数据挖掘系统框架。郭二秀等选取 Hadoop 分布式文件系统 HDFS 来解决海量异构农业数据的存储问题,提出一种基于 Spark 的计算框架并设计出一种基于 Spark 的农业数据挖掘系统,以实现农业海量数据的快速处理。

有些学者着重从理论上探讨数据挖掘技术在农业相关领域的应用问题。王文生等在农业环境数据获取、农业信息感知等方面分析了农业数据获取途径,并从精准农业可靠决策支持系统、国家农村综合信息服务系统等方面对农业大数据的应用进行了展望。胡怡文等针对大数据技术在农业栽培、农业选育、农业病虫害防治等方面的应用提出了许多有效建议。王志远等通过分析农业信息服务的数据收集手段,提供构建农业大数据中心模型的思路,并对数据挖掘技术在农业信息服务中的应用提出了建议。

(4) 农业人工智能技术

农业人工智能技术大致可分为信息搜索、知识表示、模式识别和智能规划四个研究方向,研究对象分别是农业主题信息搜索、农业知识数字化、农业对象识别方法及决策支持等。农业信息搜索的研究热点侧重于农业信息搜索引擎技术和网络爬取技术,农业知识表示的研究热点集中于知识图谱,农业模式识别的研究热点则着重于与深度学习算法结合,农业智能规划的研究热点主要集中在构建模型和控制方法。近年来,国内学者关注的重点在农业智能规划和农业模式识别等研究方向。

农业人工智能技术已经应用到农业产前、产中、产后、运维等各阶段。产前阶段主要应用于土地景观规划、土壤分析评估、河川日常径流量预测、灌溉用水供需分析以及种植品种鉴别等。产中阶段主要应用于水产养殖投喂管理、水质预测预警、田间杂草管理、插秧系统、作物种植和牧业管理专家系统等。产后阶段主要应用于农产品的分类、收货、检验、加工过程控制,以及染料提取和蒸馏冷点温度预测等。运维阶段主要应用于农业设施装备的运行管控及其故障诊断等。

目前,人工智能在农业领域的应用还处于初步探索阶段,农业智能化程度还比较低,人工智能想要替代人类进行实际生产任重而道远,还需要进一步的技术突破。

第2章 基于农业物联网的农产品 信息感知与数据采集

农业物联网的典型应用场景可描述如下：根据大田、温室、畜牧场等典型应用场景的农作物和牲畜等不同对象的需要，利用温度、湿度、光照、二氧化碳气体等多种传感器对农牧产品（蔬菜、禽畜等）的生长过程进行全程监控和数据化管理，通过传感器和土壤成分检测感知生产过程中是否添加有机化学合成的肥料、农药、生长调节剂和饲料添加剂等物质；结合 RFID 电子标签对每批种苗来源、等级、培育场地，以及培育、生产、质检、运输等过程中具体实施人员等信息，进行有效、可识别的实时数据存储和管理，以物联网平台技术为载体，提升有机农产品的质量及安全标准。

2.1 感知设备与传感芯片

农业物联网传感器是一种感知作物生长环境的设备，通过各种类型的传感器采集温度、湿度等物理参数，根据具体的数值感知农作物生长的具体环境，将这些数据传输到后台控制中心，控制中心根据这些数据进行计算、分析和整理，将最优决策方案反馈给农户，农户只需按照这个方案进行操作，就能确保提供最适合农作物生长的环境。

根据农业物联网应用场景和面向解决的关键问题，可以将处理器芯片分为两类：一类是以控制与驱动传感器为目的的控制芯片，如单片机、嵌入式处理器芯片等；另一类是针对边缘端计算算力问题的专用处理器芯片，如 ASIC、FPGA、DSP 等。第二类芯片主要针对无人机、机器人等计算能力有限，难以实现边缘端设备的智能判断或决策问题，且传感器大多工作在边缘端，需要足够的性能和较低功耗长时间运行的硬件。

2.1.1 传感器的组成、分类及应用

（1）传感器的组成

《传感器通用术语》（GB/T 7665—2005）中将传感器定义为"能感受被测量并按照一定的规律转换成可用输出信号的器件或装置，通常由敏感元件和转换元件组成"。其中，敏感元件能直接感受被测量，并输出与被测量有确定关系的物理量；转换元件将敏感元件的输出作为它的输入，将输入物理量转换为电路参量；由于转换元件输出的信号（一般为电信号）都很微弱，传感器一般还需要配以转换电路，最后以电量的方式输出。这样，传感

器就完成了从感受被测量到输出电量的全过程。传感器的基本组成如图 2-1 所示。

图 2-1 传感器的基本组成

（2）传感器的分类

传感器种类繁多,分类方法也很多,目前广泛采用的分类方法有以下几种。

① 按照工作机理,传感器可分为物理型、化学型和生物型等。

② 按照构成原理,传感器可分为结构型和物性型两大类。结构型传感器是利用物理学中场的定律构成的,包括力场的运动定律、电磁场的电磁定律等。结构型传感器的特点是传感器的性能与它的结构材料没有多大关系,如差动变压器。物性型传感器是利用物质定律构成的,如欧姆定律等。物性型传感器的性能随材料的不同而异,如光电管、半导体传感器等。

③ 按照能量转换情况,传感器可分为能量控制型传感器和能量转换型传感器。能量控制型传感器在信息变换过程中,其能量需要由外部电源供给,如电阻、电感、电容等电路参量传感器。能量转换型传感器主要由能量变换元件构成,不需要外部电源,是基于电压效应、热电效应、光电效应、霍耳效应等原理构成的传感器。

④ 按照物理原理,传感器可分为电参量式传感器(包括电阻式、电感式、电容式等基本形式)、磁电式传感器(包括磁电感应式、霍耳式、磁栅式等)、压电式传感器、光电式传感器、气电式传感器、波式传感器(包括超声波式、微波式等)、射线式传感器、半导体式传感器、基于其他原理的传感器(如振弦式和振筒式传感器等)。

⑤ 按照用途,传感器可分为位移传感器、压力传感器、振动传感器、温度传感器等。

（3）传感器的应用

为适应现代化温室和工厂化栽培调节与环境控制(控制温度、湿度、光照、喷灌量、通风等),在培育各种秧苗、栽培各种果蔬和作物的过程中,需要温度传感器、湿度传感器、pH 值传感器、光传感器、离子传感器、生物传感器、CO_2 传感器等设备,检测环境中的温度、相对湿度、pH 值、光照强度、土壤养分、CO_2 浓度等物理量参数,通过各种仪器仪表实时显示或作为自动控制的参变量参与到自动控制中,确保农作物有一个良好的、适宜的生长环境。

在果蔬和粮食的储藏中,传感器也发挥着巨大的作用。制冷机根据冷库内温度传感器的实时参数值实施自动控制并且保持该温度的相对稳定。相比冷藏库,气调库采用了更为先进的储藏保鲜方法,除了温度之外,气调库内的相对湿度(RH)、氧气(O_2)浓度、二氧化碳(CO_2)浓度、乙烯(C_2H_4)浓度等均有相应的控制指标。控制系统采集气调库内温度传感器、湿度传感器、O_2 浓度传感器、CO_2 浓度传感器等的物理量参数,通过各种仪器仪表实时显示或作为自动控制的参变量参与到自动控制中,确保有一个适宜的储藏保鲜环境,以达到最佳的保鲜效果。

在作物的生长过程中,可以利用形状传感器、颜色传感器、重量传感器等监测作物的外形、颜色、大小等,从而确定作物的成熟程度,以便适时采摘和收获;利用二氧化碳传感器监测植物生长的人工环境,以促进光合作用,如监测塑料大棚蔬菜的种植环境等;利用超声波传感器、音量和音频传感器等灭鼠、灭虫;利用流量传感器及计算机系统自动控制农田水利灌溉。

近年来,生物技术、遗传工程等成为良种培育的重要技术,生物传感器在其中发挥了重要的作用。农业科学家通过生物传感器操纵种子的遗传基因,在玉米种子里找到了防止脱水的基因,培育出了优良的玉米种子。此外,监测育种环境还需要温度传感器、湿度传感器、光传感器等;测量土壤状况需要水分传感器、吸力传感器、氢离子传感器、温度传感器等;测量氮、磷、钾等养分需要各种离子敏传感器。

传感器也可以应用在动物饲养中。例如,用于测定畜、禽肉鲜度的传感器,可以高精度地测定出鸡、鱼、肉等食品变质时发出的臭味成分二甲基胺(DMA)的浓度,其测量的最小浓度可以达到 10^{-6}。利用这种传感器可以准确地掌握肉类的鲜度,防止肉类腐败变质。除此之外,用于检测鸡蛋质量的传感器可以无损检测鸡蛋品质。

2.1.2 信息采集设备硬件结构

农业物联网信息采集设备硬件结构如图 2-2 所示,其中农业专用处理器芯片是信息采集设备的核心,负责与其他设备模块通信及处理数据。在农业生产应用中,从农产品生产的不同阶段来看,无论是产前、产中还是产后,都可以运用物联网技术提高工作效率和精细化管理水平。

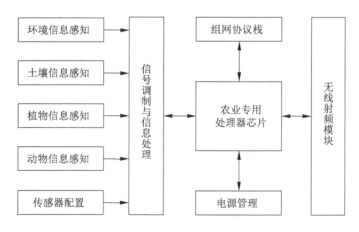

图 2-2 信息采集设备硬件结构

2.1.3 传感器节点的操作系统

每个传感器节点都是一个配有 CPU、RAM、ROM 以及一个或多个环境传感器的实实在在的计算机。节点上运行着一个小型但是真实的操作系统,通常这个操作系统是由事件驱动的,它可以响应外部事件,也可以基于内部时钟进行周期性的测量。例如,TinyOS 就是一个用于传感器节点的操作系统。

TinyOS 是一个面向传感器网络的开源嵌入式操作系统,最初是用汇编语言和 C 语言编写的,但在应用过程中发现 C 语言不能有效、方便地支持面向传感器网络的应用和操作系统的开发。为此,科研人员对 C 语言进行了一定的扩展,提出了支持组件化编程的 nesC 语言,把组件化/模块化的思想和基于事件驱动的执行模型结合起来。现在的 TinyOS 操作系统、组件库和服务程序均是用 nesC 语言编写的,大大提高了应用开发的方便性和应用执行的可靠性。

TinyOS 操作系统的主要特点如下:

① 采用组件化编程方法。TinyOS 应用程序采用模块化设计,只包含必要的组件,提高了操作系统的紧凑性和开发效率,减少了代码量和需要占用的存储资源。通过采用基于组件的体系结构,TinyOS 操作系统提供了一个适用于传感器网络开发应用的编程框架,在这个框架内将用户设计的组件和操作系统组件连接起来,构成整个应用程序。

② 采用事件驱动机制。该机制适用于节点众多、并发操作频繁发生的无线传感器网络应用。当事件对应的硬件中断发生时,系统能够快速地调用相关的事件处理程序,迅速响应外部事件,并且执行相应的操作处理任务。事件驱动机制可以使 CPU 在事件发生时迅速执行相关任务,并在处理完毕后进入休眠状态,这样不仅可以有效提高 CPU 的使用率,还能节省能量。

③ 采用轻量级线程技术和基于先进先出(first in first out,FIFO)的任务队列调度方法。由于传感器节点的硬件资源有限,而且短流程的并发任务可能频繁执行,因此传统的进程或线程调度无法应用于传感器网络的操作系统。轻量级线程技术和基于 FIFO 的任务队列调度方法,能够使短流程的并发任务共享堆栈存储空间,并且快速地进行切换,从而使 TinyOS 适用于并发任务频繁发生的传感器网络应用。当任务队列为空时,CPU 进入休眠状态,从而节省电量,但外围器件仍处于工作状态,任何外部中断都能唤醒 CPU。

④ 采用主动消息通信机制。这种机制是一种基于事件驱动模式的高性能并行通信方式,已经广泛应用于分布式并行计算。主动消息是并行计算机中的概念,是指在发送消息的同时传送处理这个消息的相应处理函数 ID 和处理数据,接收方得到消息后可立即进行处理,从而减少通信量。由于传感器网络的规模可能非常大,导致通信的并行程度很高,因此传统的通信方式无法适应这样的环境。而 TinyOS 的系统组件可以快速地响应主动消息通信方式传来的驱动事件,有效提高 CPU 的使用率。

2.1.4 硬件设计节点

基于农业物联网的农产品信息感知与数据采集的硬件设计节点是组成基于物联网技术的农产品信息感知与采集系统的基本单位,包括传感节点和网关节点。传感节点是监测系统传感层的基本组成单元,网关节点则是网络层的硬件基础,它们的硬件设计对整个系统的功能和性能都至关重要。

(1) 传感节点设计

传感节点通过传感器部分采集农情信息,经由处理单元进行简单转换、处理后,由无线收发模块传给上级节点。结合其功能特点,传感节点的结构框架如图 2-3 所示。传感节点的微处理器单元和无线传输单元可采用 Chipcon 公司的 CC2430 芯片,该芯片是全球首款支持 ZigBee 协议的 SoC 解决方案,它在单个芯片上集成了 80C51 内核处理器的芯片和 ZigBee 无线收发模块,是一种比较成熟的无线传感器节点解决方案。

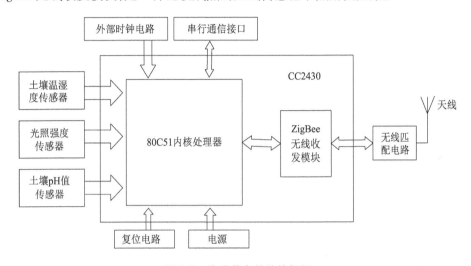

图 2-3　传感节点的结构框架

传感节点相当于网关节点的子节点,是物联网传感层中的基层环节,直接与物联网的目标测量相关联,将农情信息转换为有效的开关量进行传递,其主要工作为等待网关节点唤醒、采集农情信息、发送数据、进入休眠等。具体工作流程如图 2-4 所示。

传感节点通常情况下处于休眠模式,在接到上级节点的命令被唤醒后,便立刻发送请求加入网络,等待网关节点的应答,成功加入网络后,开始进行农情信息(如土壤温湿度、光照强度、pH 值等)采集并传输给命令发送端节点,上级节点发送应答位,确定接收成功后,传感节点又转入休眠模式。

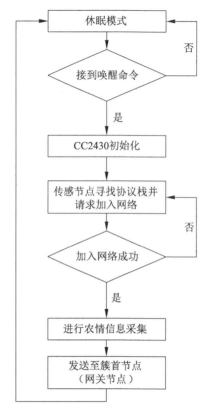

图 2-4 传感节点工作流程图

（2）网关节点设计

网关节点兼具汇聚节点和网关的功能，一方面收集无线传感器网络发来的农情信息，另一方面将这些信息经过初步的处理，通过无线收发模块（如 GPRS 模块、5G 模块等）以及 5G 网和 GPRS 网与互联网进行数据交换。通过互联网，网关可以发送农情信息到远程监测中心并且接收远程监测中心发来的命令。具体结构框架如图 2-5 所示。

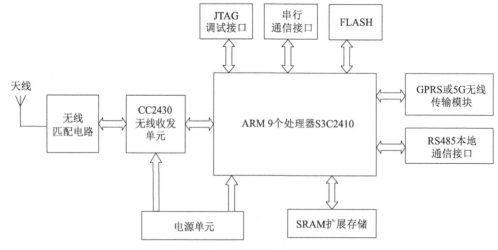

图 2-5 网关节点的结构框架

　　网关节点通过 CC2430 接收传感节点采集到的农情信息,并发送控制信息,通过 GPRS 网络并入互联网,实现与远程监测中心的通信。网关节点主要负责建立并管理网络,允许或拒绝任何一个传感节点入网,并将各传感节点的数据收集发送至互联网,监控端通过互联网进行数据的读取、记录。网关节点一直处于工作状态,不会休眠。它的工作过程为等待监测命令、建立网络、加入节点、等待数据信息、发送数据。具体工作流程如图 2-6 所示。

　　在建立网络时,网关节点会不断地搜索空的信道,若搜索到某一信道被另一网关节点占用,则重新搜索,直到搜索到空信道,立即做相应标识,准备建立自己的网络。当一个传感节点要求加入网络时,它会发送请求,网关节点则根据自己的资源需求决定是否加入此传感节点。若选择加入此节点,则给它分配一个网络地址,构成新网络。同时传达监测命令给下级节点,等待接收数据,接收成功后将农情信息发送至远程监测端和本地监测站。

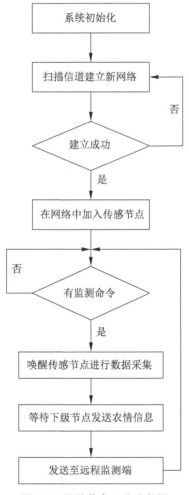

图 2-6　网关节点工作流程图

2.2　自动识别技术与 RFID

自动识别技术(automatic identification and data capture,AIDC)是农业物联网体系的重要组成部分,可以对每个农产品进行标识和识别,并可以实时更新数据,是构成全球物品信息实时共享的重要组成部分,也是农业物联网的基础。RFID 是一种提高数据采集识别效率和准确性的工具,也是一种自动识别技术。该技术替代条形码的最大优势就是磁条所带来的无线识别以及信息的可网络化。目前 RFID 在农业领域的应用面较窄,主要集中在农产品的跟踪追溯及动物的识别等方面。

2.2.1　自动识别技术

(1)自动识别技术的定义

自动识别(automatic identification)通常与数据采集(data collection)联系在一起,形成自动识别技术(AIDC)。

自动识别技术是应用一定的识别装置,通过被识别物品和识别装置之间的接近活动,自动获取被识别物品的相关信息,并提供给后台的计算机处理系统,由其来完成后续相关处理的一种技术。自动识别技术是一种高度自动化的信息或数据采集技术,是用机器识别对象的众多技术的总称。

在农业物联网的数据采集层面,最重要的手段就是自动识别技术和传感技术。由于传感技术仅能够感知环境,而无法对农产品进行标识,因此要实现对农产品的准确标识,更多的是要通过自动识别技术。

(2)自动识别技术的分类

自动识别技术的分类方法有很多,可以按照国际自动识别技术的分类标准进行分类,也可以按照应用领域和具体特征进行分类。

① 按照国际自动识别技术的分类标准,自动识别技术可以分为数据采集技术和特征提取技术两大类。其中,数据采集技术分为光识别技术、磁识别技术、电识别技术、无线识别技术等,需要被识别物体具有特定的识别特征载体(如标签、磁卡等);特征提取技术分为静态特征识别技术、动态特征识别技术、属性特征识别技术等,可根据被识别物体本身的行为特征(包括静态的、动态的和属性的特征)来完成数据的自动采集。国际自动识别技术的分类与特征如图 2-7 所示。

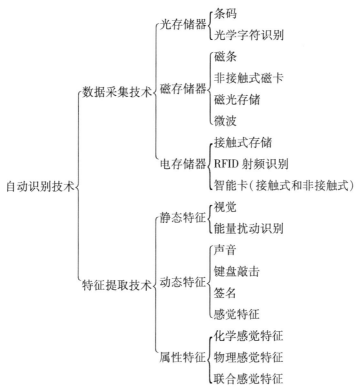

图 2-7　自动识别技术的分类与特征（按国际标准划分）

② 按照应用领域和具体特征进行分类,自动识别技术可以分为条码识别技术、磁卡识别技术、IC 卡识别技术、光学字符识别技术、生物特征识别技术、射频识别技术等。其中,条码识别技术多应用在商业领域,如大型超市大多使用条码进行价格结算;磁卡识别技术可以应用在银行领域,如许多银行卡都是磁卡;IC 卡识别技术可以应用在医疗领域,如医疗 IC 卡既有支付功能又可以存储病历;光学字符识别技术可以应用在出版领域,如文本资料可以用光学字符识别技术进行处理;生物特征识别技术可以应用在安全领域,如门禁系统可以采用指纹识别技术;射频识别技术可以应用在物流领域,如给农产品贴上电子标签后,就可以在全球的物流领域全面使用射频识别技术。

2.2.2　射频识别系统

射频识别(RFID)系统由电子标签、读写器和计算机网络三部分组成。存有农产品信息的电子标签附着在农产品上;读写器与电子标签通过无线电波进行数据交换,读写器将读写命令传送到电子标签,再把电子标签返回的数据传送到计算机网络;计算机网络中的数据交换与管理系统负责完成电子标签中农产品信息的存储、管理和控制。射频识别系统的组成如图 2-8 所示。

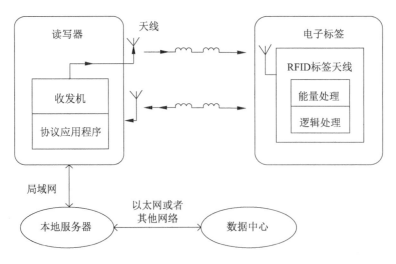

图 2-8　射频识别系统的组成

2.2.3　RFID 标签

（1）RFID 标签的分类

① 根据标签供电方式，RFID 标签可分为有源标签和无源标签。

有源标签是指内部有电池提供电源的电子标签。有源标签的作用距离较远，但是寿命有限、体积较大、成本较高，并且不适合在恶劣环境下工作，需要定期更换电池。

无源标签是指内部没有电池提供电源的电子标签。无源标签将耦合读写器发射的电磁场能量作为自己的工作能量。相比有源标签，无源标签的作用距离较近，但是重量轻、体积小、寿命长、成本低，还可以制作成各种各样的体积和形状，便于使用。

② 根据标签工作方式，RFID 标签可分为主动式标签和被动式标签。

主动式标签是指利用自身的射频能量主动发射数据给读写器的电子标签。主动式标签一般具有电源模块，识别距离较远。

被动式标签是指在读写器发出查询信号后，被触发才进入通信状态的电子标签。被动式标签既可以是有源标签，也可以是无源标签。

③ 根据读写方式，RFID 标签可分为只读型标签和读写型标签。

只读型标签是指在识别过程中，标签的内容只能读出不可写入的电子标签。只读型标签所具有的存储器是只读型存储器。

读写型标签是指在识别过程中，标签的内容既可被读写器读出又可由读写器写入的电子标签。读写型标签可以只具有读写型存储器，也可以同时具有读写型存储器和只读型存储器。

④ 根据作用距离，RFID 标签可分为密耦合标签、近耦合标签、疏耦合标签和远距离标签。

密耦合标签的作用距离小于 1 cm，近耦合标签的作用距离约为 15 cm，疏耦合标签的作用距离约为 1 m,远距离标签的作用距离最远,一般为 1~10 m,甚至可达更远的距离。

⑤ 根据工作频率,RFID 标签可分为低频标签、中高频标签、超高频与微波标签。

低频标签的工作频率范围为 30~300 kHz,典型的工作频率有 125 kHz 和 133 kHz 两种。低频标签一般为无源标签,其工作能量通过电感耦合方式从读写器耦合线圈的辐射近场中获得。

中高频标签的工作频率一般为 3~30 MHz,典型的工作频率为 13.56 MHz。该频段的射频标签,从射频识别应用角度来说,其工作原理与低频标签完全相同,即采用电感耦合方式工作。中高频标签一般为无源标签。

超高频与微波标签简称微波射频标签,典型的工作频率为 433.92 MHz、862(902)~928 MHz、2.45 GHz 和 5.8 GHz。微波射频标签可分为有源标签与无源标签两类。工作时,射频标签位于读写器天线辐射的远场区内,标签与读写器之间的耦合方式为电磁耦合。

（2）RFID 标签的基本功能模块

电子标签(Tag)又称为射频标签、应答器或射频卡,是 RFID 真正的数据载体。一般情况下,电子标签由标签天线和标签专用芯片组成,芯片用来存储农产品的数据,天线用来收发无线电波。

电子标签的基本功能模块(见图 2-9)一般包括天线、电压调节器、调制器、解调器、逻辑控制单元和存储单元等。

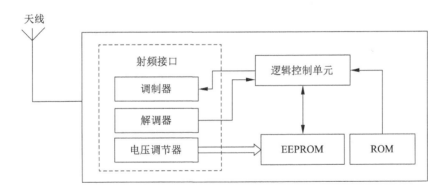

图 2-9　电子标签的基本功能模块

电子标签内部各模块功能描述如下：

① 天线:接收由阅读器送来的信号,并把要求的数据送回给阅读器。

② 电压调节器:把由阅读器送来的射频信号转换为直流电源,并经大电容储存能量,再经稳压电路以提供稳定的电源。

③ 调制器:将逻辑控制电路送出的数据经调制电路调制后加载到天线送给阅读器。

④ 解调器:去除载波,以取出真正的调制信号。

⑤ 逻辑控制单元:对阅读器送来的信号进行译码,并依其要求回送数据给阅读器。

⑥ 存储单元:包括 EEPROM 与 ROM,作为系统运行及存放识别数据的位置。

2.2.4 RFID 读写器

(1) RFID 读写器的分类

根据射频识别应用的不同,各种 RFID 读写器在结构及制造形式上千差万别,大致可以划分为小型读写器、手持型读写器、平板型读写器、隧道型读写器、出入通道型读写器、大型通道型读写器。

(2) RFID 读写器的基本功能模块

RFID 读写器一般由天线、射频模块、控制模块和接口组成。控制模块是读写器的核心,控制模块处理的信号通过射频模块传送给天线。控制模块与应用软件之间的数据交换主要通过读写器的接口完成。RFID 读写器功能模块的结构框架如图 2-10 所示。

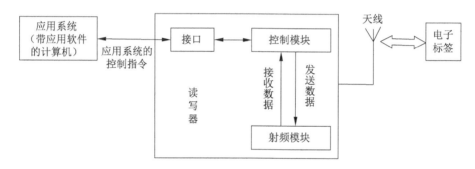

图 2-10　RFID 读写器功能模块的结构框架

1) 天线

天线是发射和接收射频载波信号的设备。在确定的工作频率和宽带条件下,天线发射由射频模块产生的射频载波,并接收从标签发射或反射回来的射频载波。

2) 射频模块

射频模块由射频振荡器、射频处理器、射频接收器和前置放大器组成。

射频模块可以发射和接收射频载波。首先,射频载波信号由射频振荡器产生并被射频处理器放大;其次,该载波通过天线发射出去;最后,射频模块将接收的标签发射或反射回来的载波解调后传送给控制模块。

3) 控制模块

控制模块一般由放大器、解码及纠错电路、微处理器、时钟电路、标准接口以及电源组成。它可以接收射频模块传送过来的信号,解码后获得标签内部信息;或者将要写入标签的信息编码后传送给射频模块,完成写标签操作。控制模块还可以通过标准接口(如 RS-232 接口)将标签内容和其他信息传送给后台计算机。

由图 2-10 可知,RFID 读写器可以将来自主机的读写命令及数据信息发送给电子标签,发送数据前可能需要对数据进行加密操作;电子标签返回的数据经读写器解密后回到主机,在主机端完成标签数据信息的存储及管理等。

（3）RFID 读写器需要考虑的主要因素

① 基本功能和应用环境:读写器是便携式还是固定式;读写器支持一种还是多种类型电子标签的读写;读写器的读取距离和写入距离;读写器和电子标签周边的环境,如电磁环境、温度、湿度和安全等。

② 电气性能:空中接口的方式;防碰撞算法的实现方法;加密的需求;供电方式与节约能耗的措施;电磁兼容(EMC)性能。

③ 电路设计:选用现有的读写器集成芯片或是自行进行电路模块设计;天线的形式与匹配的方法;收、发通道信号的调制方式与带宽;若自行设计电路模块,还应设计编码与解码、防碰撞处理、加密和解密等电路。

2.3　传感器节点定位

无线传感器网络由大量传感器节点以自组网形式构成,能够进行实时信息收集、数据通信和处理,被广泛应用于军事、农业、环境监测、医疗卫生、工业等方面。随着精细农业的迅速发展,无线传感器网络的应用成为采集农田环境信息、提高田间管理水平、增加作物产量的重要手段。在应用农业无线传感器网络进行测量感知的过程中,传感器节点定位是重要环节,必须确定大量节点的位置信息才能进行有效的环境信息监测。

2.3.1　基于位置服务

基于位置服务(location based services,LBS)是指围绕地理位置数据而展开的服务。其由移动终端使用无线通信网络(或卫星定位系统),基于空间数据库,获取用户的地理位置坐标信息并与其他信息集成,以向用户提供所需的与位置相关的增值服务。用户可利用移动设备的定位技术确定自身的地理位置,并将位置信息发送给 LBS 系统,然后通过互联网从 LBS 系统获取与位置相关的资源和信息。

在农业领域,LBS 主要应用于农业信息标准化的建设,目的是实现农业空间管理信息采集制度化、存储标准化、信息内容系统化和传递规范化。通过农业信息标准化建设,依据标准化的数据结构和交换格式获取、组织和管理农业信息,能够实现农业信息在意义上、标准上和内容上的统一,保证农业信息的快速准确自动获取与共享,为农业信息的分析处理和广泛利用提供可能,提高信息资源的使用效益,为传统农业生产方式进入智慧农业时代奠定基础,最终实现农业空间管理信息、信息产品和信息服务标准化。

2.3.2　全球定位系统

全球定位系统(GPS)是由地面控制系统、空间和用户装置等组成的空间卫星导航定位系统。GPS 可以全天候对目标进行定位及导航处理,具有精密度高、抗干扰能力强、保密性强、定位速度快等特点。

全球定位系统主要利用高空中的 GPS 卫星,向地面发射 L 波段的载频无线电测距信号,由地面上的用户接收机实时连续接收,并计算出接收机天线所在的位置。因此,GPS 由以下三个部分组成:GPS 卫星星座(空间部分)、地面监控系统(地面控制部分)、GPS 信号接收机(用户设备部分)。

GPS 由于定位精度高、观测时间短、观测点无须通视、可提供三维坐标、操作简便、能够全天候作业,因此被广泛应用于农业领域。GPS 在农业中的具体应用如下。

(1) 智能化农业机械作业的动态定位

根据管理信息系统(MIS)发出的指令,GPS 可实施田间耕作、播种、施肥、灌溉、排水、喷药和收获的精确定位。

(2) 农业信息采集样点定位

在农田设置的数据采集点、自动或人工数据采集点和环境监测点均需 GPS 定位数据,以便形成数字信息存储与共享。

(3) 遥感信息 GPS 定位

对遥感信息中的特征点用 GPS 采集定位数据,以便于与地理信息系统(GIS)配套应用。

2.3.3 精准农业的主要技术——3S 技术

精准农业也被称为因地制宜农业(site specific farming)、处方农业(prescription farming),是基于作物和资源环境的时空差异,以最小投入、最大收益和最小环境危害为目标,以管理信息系统、计算机技术、多媒体技术和大规模存储技术为基础,以 3S 技术为核心,以网络为纽带,将海量的农业信息应用于农业生产实行处方作业的一种新兴的农业发展模式。

3S 技术指遥感(RS)技术、全球定位系统(GPS)技术和地理信息系统(GIS)技术,是目前对地观测系统中空间信息获取、存储、管理、更新、分析和应用的三大支撑技术。其中,GPS 负责精准定位,RS 负责收集数据及监控,GIS 充当最终的"大脑"对信息进行空间管理和快速分析。3S 技术在精准农业中的具体应用如下。

(1) RS 技术在精准农业中的应用

1) 农作物长势监测及产量估算

农作物在不同的生长发育时期,其外部形态和内部结构都具有一定的周期性和差别性变化。不同作物的发育期不同,长势不同,光谱反射率也不同。农作物的叶面指数(leaf area index,LAI)可以表征农作物长势,而叶面指数与生物产量之间又存在良好的线性关系,利用这一特性可以通过测定叶面指数来监测农作物的长势,并进行产量估算。借助遥感技术形成的影像图集,可以对农作物的估算产量和实际产量进行对比,依据出现的偏差以及偏差程度进行优化,优化后的模型可以快速高效地对农作物的生长情况和产量进行估测。

2）农作物播种面积监测及估算

根据不同的辐射光谱,分析多光谱影像呈现出的不同颜色,能够区分不同的农作物。搭载遥感器的卫星或飞机在田地上空飞行时,可以准确迅速地获取某类农作物的具体播种面积,通过对这些数据和分布图的分析处理,即可估算出该类农作物的播种面积。在估算的过程中,也可以在很大程度上避免个别区域对播种面积的数据造假。

3）农作物灾害监测

农作物叶面指数和叶绿素含量(chlorophyll content,CHL. C)能够反映植物的生长状况,同时也可作为监测植物是否受胁迫或被外界环境因子干扰的指标。当农作物发生病虫害时,植物叶片的叶面指数及叶绿素含量都会降低,利用遥感技术对数据进行采集并与正常植物的波段进行比对,能够判断出农作物的受灾害程度。据了解,全世界每年有 20% ~ 40% 的粮食被病虫害侵蚀,我国也是农业病虫害频发、广发的国家,借助遥感技术不仅可以实现快速、动态、无损、大面积的农作物病虫害监测,而且可以结合其他自然灾害模型对农业生产过程中旱灾、洪涝、冻害等的发生、发展、灾情、损失等进行有效监测。

（2）GPS 技术在精准农业中的应用

GPS 可持续、实时地向用户提供精准的三维位置、三维速度和时间信息,在精准农业中主要应用于智能化农业机械作业。为了提高精度,精准农业广泛采用了差分校正全球卫星定位(differential global positioning system,DGPS)技术,定位精度可达米级和分米级。将 GPS 接收机与农田机械相结合在田间作业,可以实现精确定位、田间作业自动导航和测量地形起伏状况等功能。

1）地质测绘

GPS 在使用过程中受地形的影响很小,且精度高。利用这一特性,GPS 在农业机械田间作业时对所属地形进行精准测绘,并对地形地势准确分析,有助于后续的一系列田间耕作。

2）土壤养分分布调查

结合采样车辆在农作物播种前对农田中的土壤进行采样,利用 GPS 接收机将土壤样品采集点的位置精准测定出来并录入计算机,即可得到土壤样品点位分布情况。根据调查结果,对不同地区土壤差别和土壤中的结构进行比对分析,从而实现对微量元素与有机化肥的科学配比。

3）精准施肥、灌溉及耕作

依据农田土壤养分含量分布情况实现农作物施肥的科学配比,搭配 GPS 接收机的喷施器即可实现田间精确施肥。同样,利用 GPS 动态定位及 GIS 的系统命令,结合其他农业机械作业,可在田间作业时实现精准灌溉以及精准耕作。例如,欧美一些国家在收割机上安装 DGPS 和 GIS,利用 DGPS 技术进行精准定位和测量,利用 GIS 记录和显示收割机的当前位置、农田单位面积产量和地面地形起伏情况。

（3）GIS 技术在精准农业中的应用

GIS 作为精准农业的主导部分，是 3S 体系的"大管家"，可以用于农田土地数据管理，对土壤、自然条件、作物苗情、作物产量等情况实时查询，并以此快速绘制各种农业专题地图，同时还能对不同类型的空间数据进行采集、编辑及统计分析。

1）农业空间数据管理

GIS 是空间数据的管理系统，是对农业采集数据进行存储和管理的空间信息系统，可以用于农田数据管理，即可远程实现对土壤状况、自然条件、作物长势、产量等数据的查询。

2）农业专题地图分析

依据采集的各种离散农业空间数据、GPS 传感器的数学计算，形成各种类型的农业专题地图，再利用 GIS 复合叠加功能将不同的专题数据进行组合，形成新的数据集以便综合分析。例如，对土壤类型、水分分布、地形、农作物覆盖面积等进行专题数据采集，并将这些不同类型的点、线、面进行空间重叠，建立不同数据在空间上的联系，有助于决策者进行数字化和可视化分析。

2.4 农产品编码标准

农产品编码是农产品的"身份证"，识别农产品的最好方法就是给全球每一个农产品都提供唯一的编码。现在的物品编码体系主要有条码编码体系和产品电子代码（electronic product code，EPC）编码体系。其中，条码属于早期建立的物品编码体系，EPC 是基于物联网的物品编码体系。

2.4.1 EAN-13 商品条码

EAN-13 是最常用的一维条码，是由厂商识别代码、商品项目代码、检验码三部分组成的 13 位数字代码。中华人民共和国可用的国家代码为 690~699，其中 696~699 尚未使用。生活中最常见的国家代码为 690~693，以 690、691 开头时，厂商识别代码为 4 位，商品项目代码为 5 位；以 692、693 开头时，厂商识别代码为 5 位，商品项目代码为 4 位。

EAN-13 商品条码是表示 EAN/UCC-13 商品标识代码的条码符号，由左侧空白区、起始符、左侧数据符、中间分隔符、右侧数据符、校验符、终止符、右侧空白区及供人识别字符等组成，如图 2-11 和图 2-12 所示。

图 2-11　EAN-13 商品条码符号结构

图 2-12　EAN-13 商品条码符号构成示意图

左侧空白区:位于条码符号最左侧与空的反射率相同的区域,其最小宽度为 11 个模块宽。

起始符:位于条码符号左侧空白区的右侧,表示信息开始的特殊符号,由 3 个模块组成。

左侧数据符:位于起始符右侧,表示 6 位数字信息的一组条码字符,由 42 个模块组成。

中间分隔符:位于左侧数据符的右侧,是平分条码字符的特殊符号,由 5 个模块组成。

右侧数据符:位于中间分隔符右侧,表示 5 位数字信息的一组条码字符,由 35 个模块组成。

校验符:位于右侧数据符的右侧,表示校验码的条码字符,由 7 个模块组成。

终止符:位于校验符的右侧,表示信息结束的特殊符号,由 3 个模块组成。

右侧空白区:位于条码符号最右侧与空的反射率相同的区域,其最小宽度为 7 个模块宽。为保证右侧空白区的宽度,可在条码符号右下角加"＞"符号。

供人识别字符:位于条码符号的下方,是与条码字符相对应的供人识别的 13 位数字,最左边一位称为前置码。供人识别字符优先选用 OCR-B 字符集,字符顶部与条码底部的最小距离为 0.5 个模块宽。标准版商品条码中的前置码印制在条码符号起始符的左侧。

2.4.2　UPC-A 商品条码

UPC-A 商品条码是用来表示 UCC-12 商品标识代码的条码符号,是由美国统一代码委员会(UCC)制定的一种条码码制。UPC-A 商品条码符号及其表示如图 2-13 所示。

图 2-13　UPC-A 商品条码符号的结构

UPC-A 条码左侧 6 个条码字符均由 A 子集的条码字符组成,右侧数据符及校验符均由 C 子集的条码字符组成。UPC-A 条码是 EAN-13 条码的一种特殊形式,与 EAN-13 条码中 N1 = '0' 兼容。

UPC-A 条码左侧第一个数字字符为系统字符,最后一个字符是校验字符,它们分别放在起始符和终止符的外侧;表示系统字符和校验字符的条码字符的条长与终止符的条长相等。

在特定情况下,12 位的 UPC-A 条码可以被表示为一种缩短形式的条码符号,即 UPC-E 条码。UPC-E 条码比较特殊,它仅直接表示 6 个数据字符,条码符号本身没有中间分隔符,终止符也与 UPC-A 不同。UPC-E 条码符号的高度与 UPC-A 条码符号相同,但长度大大缩短,如图 2-14 所示。

图 2-14　UPC-E 商品条码符号的结构

2.4.3　快速响应矩阵码

快速响应矩阵码(Quick Response Code,QR Code)是二维条码的一种。QR 码使用四种标准化编码模式来存储数据,分别为数字、字母数字、字节(二进制)和汉字。

相比普通条码,QR 码可以存储更多数据,解码速度更快。QR 码呈正方形,常见的是黑、白两色,基本结构如图 2-15 所示。在 4 个角落中,有 3 个印有"回"字形图案,这是帮助解码软件定位的图案,用户不需要对准,无论以任何角度扫描,数据都可以被正确读取。

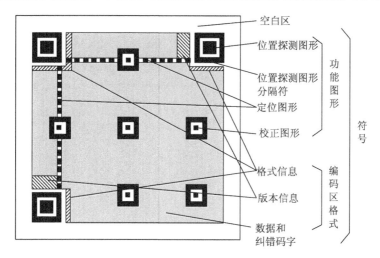

图 2-15　QR 码的基本结构

位置探测图形、位置探测图形分隔符、定位图形:用于定位二维码。对每个 QR 码来说,其位置都是固定存在的,只是大小规格会有所差异。

校正图形:规格确定了,校正图形的数量和位置也就确定了。

格式信息:表示该二维码的纠错级别,可分为 L、M、Q、H。

版本信息:即二维码的规格。QR 码符号共有 40 种规格的矩阵(一般为黑白色),从 21×21(版本 1)到 177×177(版本 40),每一版本的符号比前一版本每边增加 4 个模块。

数据和纠错码字:实际保存的二维码信息和纠错码字(用于修正二维码损坏带来的错误)。

2.4.4　脉冲间隔编码

脉冲间隔编码(pulse interval encoding,PIE)通过定义脉冲下降沿之间的不同时间宽度来表示数据,是读写器向电子标签传送数据的编码方式。PIE 是"0"与"1"有不同时间间隔的一种编码方式,其基于一个持续的固定间隔的脉冲,脉冲的重复周期根据"0"与"1"而不同。通常情况下,每个二进制码的持续间隔是一个时钟周期的整数倍。

PIE 的符号有 4 个,分别是数据 0、数据 1、SOF(数据帧开始)和 EOF(数据帧结束)。其符号组成以及编码方式分别如表 2-1 和图 2-16 所示。

表 2-1　PIE 编码符号组成

符号	Tari 数
0	1
1	2
SOF	4
EOF	4

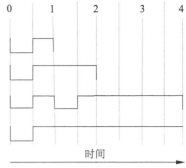

图 2-16　PIE 符号编码方式

2.5　感知设备的数据采集原理

数据采集又称数据获取,即利用无线模块和传感器,从系统外部采集数据并输入系统内部进行数据统计;其工作原理是从无线模块和传感器及其他待测设备等模拟和数字被测单元中自动采集非电量或者电量信号,送到计算机系统中进行分析和处理。数据采集系统是为了测量电压、电流、温度、压力、湿度等物理量而开发出的一套应用系统,它基于无线模块、传感器等硬件结合应用软件和计算机,对各种物理现象进行测量。

数据采集的工作方式是将传感器采集到的各种物理现象转换成电信号通过无线模块传输到计算机中,计算机又将电信号转换成容易理解的物理单位。数据采集一般是采用固定的采样方式,间隔一定时间对同一点的数据进行重复采集。采集的数据大多是瞬时值,也可以是某段时间内的一个特征值。

2.5.1　数据采集模块组成

农业物联网后台处理的许多数据都来自前端感知模块采集到的数据。

在物联网应用中,前端被控实体的信号可以是电量(如电流、电压),也可以是非电量(如加速度、温/湿度、磁力、水流量等)。这些量在时间和幅值上都是连续变化的,通常称为模拟量。

现在的计算机都是数字计算机,只能处理数字量;而传感器节点作为一种特殊的计算机,只能处理数字信号。因此,各种模拟量都必须通过传感器变换成相应的电信号,再通过 A/D 转换器转换为数字量传送给传感器节点处理。

物联网前端的数据采集模块组成结构如图 2-17 所示。

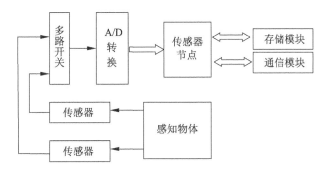

图 2-17　数据采集模块组成结构

2.5.2　A/D 转换原理

将模拟信号转换成数字信号的电路,称为模拟数字转换器(analog to digital converter, ADC),简称 A/D 转换器。A/D 转换器的作用是将时间连续、幅值也连续的模拟信号转换为时间离散、幅值也离散的数字信号。

(1) A/D 转换器的基本原理

A/D 转换器的基本原理是把输入的模拟信号按规定的时间间隔采样,并与一系列标准的数字信号相比较,数字信号逐次收敛,直至两种信号相等,显示出代表此信号的二进制数。模拟数字转换器有很多种类,如直接的、间接的、高速高精度的、超高速的等,每种又有许多形式。与模拟数字转换器功能相反的转换器称为数字模拟转换器(digital to analog converter,DAC),简称 D/A 转换器,亦称译码器。它是把数字量转换成连续变化的模拟量的装置,也有许多种类和许多形式。

(2) A/D 转换器的分类

A/D 转换器的种类很多,根据不同的转换原理,可以分为计数式 A/D 转换器、双积分式 A/D 转换器、并行式 A/D 转换器、逐次逼近式 A/D 转换器等。

① 计数式 A/D 转换器:结构简单,但转换速度慢,且转换时间随输入不同而变化。

② 双积分式 A/D 转换器:速度不够理想,但抗干扰能力强、转换精度高。

③ 并行式 A/D 转换器:转换速度快,但因结构复杂而成本较高。

④ 逐次逼近式 A/D 转换器:转换速度较快、转换时间稳定,且结构不复杂,常在传感器节点中用作模数接口电路。

(3) A/D 转换步骤

一般情况下,A/D 转换要经过采样、量化和编码这三个步骤。

① 采样是指用每隔一定时间的信号样值序列来代替原来在时间上连续的信号,即在时间上将模拟信号离散化。

② 量化是用有限个幅度值近似原来连续变化的幅度值,把模拟信号的连续幅度变为有限数量的有一定间隔的离散值。

③ 编码是按照一定的规律,把量化后的值用二进制数字表示,然后转换成二值或多值的数字信号流。这样得到的数字信号可以通过电缆、微波干线、卫星通道等数字线路传输。

第3章　物联网与通信技术基础

3.1　无线宽带网络

3.1.1　无线网络

（1）无线网络的基本组成元素

无线网络包含一系列无线网络通信协议，如 Wi-Fi、WiMAX 协议等。为了更加准确地区别这些协议的相关特性，必须明确无线网络的基本组成元素。

1）无线网络用户

无线网络用户也被称作网络节点，主要是指具有无线通信能力且能够将无线通信信号转化为有效信息的终端设备。例如，携载 Wi-Fi 无线模块的台式电脑、笔记本电脑、掌上电脑等，配备 ZigBee 无线模块的传感器，以及装载通信模块的手机。

2）无线连接

无线连接主要指无线网络用户与基站或者无线网络用户之间传输数据的通路。相对于有线网络的电缆、光缆、同轴双股线等物理实体连接介质，无线连接主要将无线电波、光波或声波作为传输载体。不同无线连接技术有不同的数据传输速率和传输距离。

3）基站

基站本质上也是一个无线网络用户。相较于其他无线网络用户，基站的特殊性在于其职责是将其他的一些无线网络用户连接到更大的网络，即公网，如校园网、因特网和电话网。因此，基站是能与公网以较高带宽直接交换数据的"超级"节点。基站将无线网络用户的数据包转发给所属的上层网络，并将上层网络的数据包转发给指定的无线网络用户。根据不同的无线网络协议，基站有不同的名称和覆盖范围。

（2）无线网络的特点

1）信号强度衰减

在空旷的区域，无线网络的电波信号强度随着收发距离的增加而下降，因此传输距离有限。而有线传输介质（如电缆、光缆等）的信号衰减幅度随距离变化较小，因此可支持较长距离的信号传输。

2）非视线传输

无线电波在传输过程中会随着距离的增加而不断衰减,除此之外,外界环境因素也会对无线电波信号产生影响。如果收发端之间的部分传输路径被阻挡,则称其为非视线(non-line-of-sight,NLoS)传输。阻挡物可以是很多物体,如墙壁、门、树木、雨雾等。在非视线环境下,由于阻挡物的存在,无线电波信号可能会被阻挡物反射、散射、吸收而产生衰减。

3）同频信号干扰

相同的无线频段传输信号之间会产生一定干扰。例如,使用网络的过程中经常会出现手机接收信号弱、网速慢、Wi-Fi 频繁掉线以及电脑无线标志上出现感叹号的情况。出现这种情况主要是因为存在同频信号的干扰,周围无线接入点(access point,AP)太多太密集,又大多使用默认信道,增加了使用相同信道的概率,令无线信号相互冲突、干扰,从而导致无线传输质量降低。

4）隐藏终端问题

基于上述无线网络连接特点,无线用户访问信道时可能会出现有线信道不存在的问题,其中一个典型问题就是"隐藏终端"(hidden terminal)现象。如图 3-1 所示,在通信领域,基站 A 向基站 B 发送信息,基站 C 未侦测到基站 A,也向 B 发送信息,故 A 和 C 同时将信号发送至 B,引起信号冲突,最终导致发送至 B 的信号都丢失了。"隐藏终端"现象多发生在大型单元中(一般在室外环境),并带来效率损失,因此需要错误恢复机制。当需要传送大容量文件时,尤其应杜绝"隐藏终端"现象的发生。

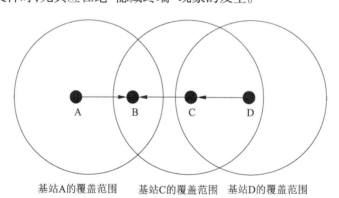

图 3-1 "隐藏终端"现象

3.1.2 无线局域网

如今无线局域网(Wi-Fi)已经成为人们日常生活中访问互联网的重要手段之一。它可以通过一个或多个体积很小的接入点,为一定区域(如家庭、校园、餐厅、机场等)内的众多用户提供互联网访问服务。在电气与电子工程师协会(institute of electrical and electronics engineers,IEEE)为无线局域网制定 IEEE 802.11 之前,存在许多不同的无线局域网标准,其缺点是网络用户在 A 区域(如校园)上网需要在计算机上安装一种网卡,若其回到 B 区域(如图书馆)则需要更换另一种网卡。除了浪费时间和硬件成本之外,在不同网络协议覆盖重叠区域内,无线信号之间的干扰还极大地降低了网络服务性能。为了规划和统一无线局域网,IEEE 制定了 802.11 系列协议。

(1) IEEE 802.11 协议对比

IEEE 802.11 协议族中不同协议的差异主要体现在使用频段、调制模式、信道差分等物理层技术方面。如表 3-1 所示,IEEE 802.11 协议族中典型的使用频段有两个,一个是 2.4~2.485 GHz,另一个是 5.1~5.8 GHz。2.4~2.485 GHz 是公共频段,微波炉、无绳电话和无线传感器网络也使用这个频段,因此信号噪声和干扰可能会稍大。5.1~5.8 GHz 是高频频段,传输主要受制于视线传输和多径传播效应,一般用于室内环境,其覆盖范围稍小。不同的调制模式决定了不同的传输带宽,在噪声较高或无线连接较弱的环境中可减小每个信号区间内的传输速率来保证无误传输。

表 3-1　IEEE 802.11 协议对比

时间	协议	最大传输速率	使用频段	通称
1997 年	802.11	2 Mb/s	2.4~2.485 GHz	
1999 年	802.11b	11 Mb/s	2.4~2.485 GHz	Wi-Fi 1
1999 年	802.11a	54 Mb/s	5.1~5.8 GHz	Wi-Fi 2
2003 年	802.11g	54 Mb/s	2.4~2.485 GHz	Wi-Fi 3
2009 年	802.11n	600 Mb/s	2.4~2.485 GHz 或 5.1~5.8 GHz	Wi-Fi 4
2013 年	802.11ac	1300 Mb/s	5.1~5.8 GHz	Wi-Fi 5
2019 年	802.11ax	10 Gb/s	2.4~2.485 GHz 或 5.1~5.8 GHz	Wi-Fi 6

(2) IEEE 802.11 的架构

在 IEEE 802.11 的架构中,最重要的组成部分是由一个基站(接入点)和多个无线网络用户组成的基本服务集(basic service set, BSS)。如图 3-2 所示,每个圆形区域表示一个基本服务集。每个接入点通过有线网络互联设备(路由器或交换机)连入上层公共网络中。在一个家庭中,可能有笔记本电脑、台式机、平板、手机等多种无线网络设备,而网络运营商往往只为每个家庭提供一条有线宽带连接。这时,按照 IEEE 802.11 的架构,可以将"无线路由器"通过有线连接方式与宽带网络相连,家庭中所有的无线网络设备皆可通过它访问上层网络。

在 IEEE 802.11 中,每个无线网络用户都需要与一个接入点相关联才能获取上层网络数据。以 IEEE 802.11g 协议为例,每个接入点的管理者会为其指定一个或多个服务集标识符(service set identifier, SSID)。如果使用 Windows 操作系统,通过"控制面板—网络连接—无线网络连接",找到无线网络连接的图标,单击右键出现选择菜单,然后单击其中的"查看可用无线网络"选项,那么可以为用户提供无线连接服务接入点的 SSID 都会显示出来。同时,接入点管理者还会为其指定一个频段作为通信信道。IEEE 802.11g 使用 2.4~2.485 GHz 频段传输数据,对于 85 MHz 的频宽,IEEE 802.11g 将其分为 11 个部分相互重叠的信道。任何两个不相互重叠的信道中间需要相隔 4 个或 4 个以上其他信道。例如,信道 1、4 和 7 是三个互相不重叠的信道,如果一间教室内有三个接入点,那么 IEEE 802.11g 信道分配模式可以保证这三个接入点之间的信号互不干扰,但如果接入点多于三个,假设存在一个使用信道 9 的接入点,那么会对使用信道 4 和信道 7 的接入点造成干扰。

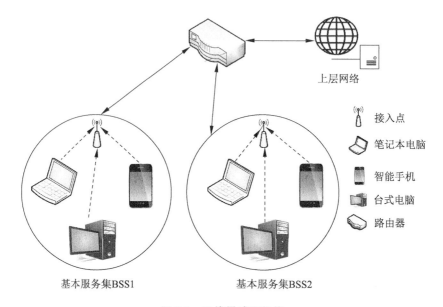

图 3-2　无线局域网架构

（3）IEEE 802.11 介质访问控制协议

由于每个 Wi-Fi 接入点都可能关联多个无线网络用户,并且在一定区域内也可能存在多个接入点,因此两个或更多个用户可能在同一时间使用相同信道传输数据。此时,由于无线网络连接之间存在相互干扰,更容易导致数据包丢失,因此需要多种访问协议来控制用户对信道的访问。针对这一问题,IEEE 802.11 对 CSMA/CD 进行了一些调整,采用了新的协议 CSMA/CA。CSMA/CA 利用 ACK 信号来避免冲突的发生,也就是说,只有当客户端接收到网络上返回的 ACK 信号后才能确认发送数据已到达正确的目的地址。

CSMA/CA 机制如下:一个主机在发送消息之前首先要监听信道,不论信道是否为忙,发送端必须以一个帧间间隔的等待时长发送自身数据。具体过程如下:当信道为空时,首先等待一个帧间间隔,之后再监听信道。如果信道仍为空,那么执行一个随机后退过程,之后再次监听。如果信道仍为空,那么开始发送数据。在上述等待过程中,如果任何时候出现信道忙的情况,那么终止等待直到信道为空,之后重复上面的过程(从等待一个帧间间隔开始)。如图 3-3 所示,从①到②之间,似乎等待了一个帧间间隔就直接传输了,没有随机后退过程,与之前描述似乎不相符。但这仅仅是一种特殊情况,当信道很久没有被访问之后(通常是主机的第一次监听),就认为等待一个帧间间隔后也不会有信道访问冲突了,所以直接发送数据。但是在一般情况(信道经常被访问)下,还是要等待一个帧间间隔之后再随机后退,两者并不矛盾。

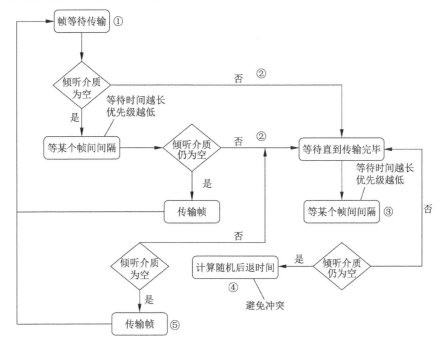

图 3-3　CSMA/CA 工作机制流程图

这里重点说明帧间间隔和随机后退过程。帧间间隔定义了不同种类帧的优先级,这样做的好处是进一步避免信道使用冲突,避开不同帧同时发送数据。帧间间隔有三种:SIFS(最高优先级)、PIFS(中等优先级)以及 DIFS(最低优先级)。SIFS 用于 ACK(传输结束的确认)和 CTS(避免隐藏节点的控制帧)的传输,DIFS 用于一般数据传输。如图 3-4 所示,在监听到信道忙之后,首先等待一个帧间间隔(SIFS,PIFS 或 DIFS,视发送什么信息而定),之后进入随机后退过程,如果信道仍然空闲就发送数据。这就与 CSMA/CA 的描述相对应了。之所以要指定不同的帧间间隔,是因为数据是最普通的,而 CTS 和 ACK 是确定传输之后更重要的信息,理应优先发送。

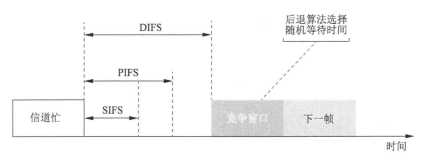

图 3-4　帧间间隔和随机后退过程

譬如 A 主机想给 C 主机发送数据信息，B 主机也想给 C 主机发送紧急 CTS 信息，那么当信道空闲时，A、B 都需要等待一个帧间间隔，但是 B 等待时间短，之后就开始随机后退，其期望等待时间更短，所以更有可能比 A 先发送，而 A 还没有后退完，就发现信道又开始忙了（B 给 C 发送 CTS 信息），只能再等待。从这个角度来说，帧间间隔的优先级保证了更重要信息尽早发送。

在学习 CSMA/CA 之后，我们肯定会有疑问：为什么有线局域网 802.11 采用 CSMA/CD 协议，而无线局域网采用 CSMA/CA 协议呢？这就涉及无线局域网和有线局域网性质的区别。首先，CSMA/CA 协议早期的帧间间隔有助于避免冲突。在无线传输中，冲突并不容易避免且付出的代价极其昂贵，所以在发送信息之前一定要尽量避免冲突。其次，CSMA/CA 协议有 ACK 确认机制，可以用有无 ACK 来确定是不是有冲突，而 CSMA/CD 则没有这个机制。总体来看，无线网络更不容易检测冲突，冲突也更难处理，所以只能在机制方面更加完善，以此来避免冲突，这就是 CSMA/CA 协议的由来。

3.1.3 无线城域网

无线城域网（WiMAX）也称 802.16 无线城域网或 802.16。WiMAX 是一项新兴宽带无线接入技术，能提供面向互联网的高速连接，数据传输距离最远可达 50 km。WiMAX 还具有 QoS 保障、传输速率高、业务丰富多样等优点。WiMAX 技术起点较高，采用了代表未来通信技术发展方向的 OFDM/OFDMA、AAS、MIMO 等先进技术。随着技术标准的发展，WiMAX 逐步实现了宽带业务的移动化，3G 技术实现了移动业务的宽带化，两种网络的融合度越来越高。无线城域网技术是因宽带无线接入（BWA）的需要而来的。1999 年，IEEE 设立了 IEEE 802.16 工作组来研究无线城域网技术标准。在 IEEE 802.16 工作组的努力下，IEEE 802.16、IEEE 802.16a、IEEE 802.16b、IEEE 802.16d 等一系列标准陆续被推出。

（1）IEEE 802.16 的标准化对比

IEEE 针对特定市场需求和应用模式提出了一系列不同层次的互补性无线技术标准，其中已经得到广泛应用的标准系列包括应用于家庭的 IEEE 802.15 和应用于无线局域网的 IEEE 802.11。而 IEEE 802.16 的提出，弥补了 IEEE 在无线城域网标准上的空白。

IEEE 802.16 适用于 2~66 GHz 的空中接口。由于它所规定的无线接入系统覆盖范围可达 50 km，因此 802.16 系统主要应用于城域网。根据使用频段的不同，802.16 系统可应用于视距和非视距两种范围，其中使用 2~11 GHz 频段的系统应用于非视距范围，而使用 10~66 GHz 频段的系统应用于视距范围。根据是否支持移动特性，IEEE 802.16 标准系列又可分为固定宽带无线接入空中接口标准和移动宽带无线接入空中接口标准，其中的 802.16、802.16a、802.16d 属于固定宽带无线接入空中接口标准，而 802.16e 属于移动宽带无线接入空中接口标准。IEEE 802.16 标准系列的一些对比如表 3-2 所示。

表 3-2　IEEE 802.16 标准系列的一些对比

标准号	覆盖范围	移动性	业务支持	QoS
802.16a	2~11 GHz	无	个人用户，游牧式数据接入	
802.16d	2~11 GHz 或 10~66 GHz	无	中小企业用户的数据接入	支持
802.16e	< 6 GHz	中低速	中小企业用户的数据接入	支持
802.16m	< 3.5 GHz	高速	个人用户高速移动数据接入	支持

（2）IEEE 802.16 协议分层架构

IEEE 802.16 标准主要关心的是用户的收发机与基站收发机之间的空中无线接口部分，包括毫米波频率范围、MAC 层和物理层、点到多点（PMP）拓扑结构、基站（BS）和用户站（SS）。其中，MAC 层可支持多种物理层，这些物理层做了优化以支持多个应用频带。该标准还包含一个特殊的可广泛应用于 10~66 GHz 频段之间各种系统的物理层实现方案，协议分层结构如图 3-5 所示。

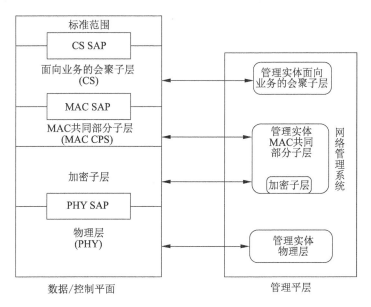

图 3-5　IEEE 802.16 协议分层架构

1）MAC 层

MAC 层负责将数据组成帧格式来传输和对用户如何接入共享的无线介质中进行控制。MAC 协议对基站或用户在何时以何种方式来初始化信道做了规定。因为 MAC 层之上的一些层（如 ATM）需要提供质量服务 QoS，所以 MAC 协议必须能够分配无线信道容量。位于多个 TDMA 帧中的一系列时隙为用户组成一个逻辑上的信道，而 MAC 帧则通过这个逻辑信道来传输。IEEE 802.16.1 规定，每个单独信道的数据传输率范围为 2~155 Mb/s。

2）加密子层

IEEE 802.16 标准在 MAC 层中定义了一个加密子层,提供 SS 与 BS 间的私密性。它包括两部分:一是加密封装协议,负责空中传输分组数据的加密,包括加密算法以及算法在 MAC PDU 分组数据中的应用规则。加密只针对 MAC PDU 中的负荷部分,MAC 头部不被加密,MAC 层中的所有管理信息在传输过程也不被加密。二是密钥管理协议(PKM),负责 BS 到 SS 之间密钥的安全分发、密钥数据的同步以及业务接入的鉴权。使用基于数字证书的认证方式,可进一步加强 PKM 的安全性能。

3）物理层

物理层协议主要是关于频率带宽、调制模式、纠错技术以及发射机与接收机之间的同步、数据传输率和时分复用结构等方面的协议。IEEE 802.16 物理层定义了 TDD(时分双工)和 FDD(频分双工)两种双工方式,均使用突发数据传输格式。该传输机制支持自适应突发业务数据,传输参数(包括调制、编码方案等)可以针对每个 SS 帧进行动态调整。

物理层的数据帧长为 0.5 ms、1 ms 或 2 ms。每个上(下)行突发数据包都被一个唯一 UIUC(DIUC)码所标识,该 UIUC 码表征了相应的突发数据包的物理层传输参数。前向纠错和调制方式的选择可组合生成多种具有不同突发业务参数的数据包,不同突发业务参数有着不同的稳健性和高效性。表 3-3 显示了 IEEE 802.16 定义的不同调制方式下不同信道带宽所带来的不同传输速率。

表 3-3　IEEE 802.16 定义的不同物理层传输速率

信道带宽/ MHz	符号率/ Mbaud	比特率/(Mb·s⁻¹)		
		QPSK	16QAM	64QAM
20	16	32	64	96
25	20	40	80	120
28	22.4	44.8	89.6	134.4

（3）WiMAX 与 Wi-Fi

为了对比 WiMAX 与 Wi-Fi 技术,主要从两者的传输范围、网络安全性以及移动性三方面进行分析。

1）传输范围

WiMAX 可以在需要执照的无线频段或公用无线频段进行网络运作,如果一个物联网企业拥有无线频段的执照,那么 WiMAX 在授权频段运作时就可以拥有更大的频宽、更多的时段与更大的功率进行信息传输。而 Wi-Fi 需要在公用频段中运行,并且要将其频率控制在 2.4 ~ 5 GHz。美国联邦通信委员会(FCC)规定,Wi-Fi 的传输功率范围在 1~100 mW 之间。而 WiMAX 的传输功率可达 100 kW,约为 Wi-Fi 传输功率的一百万倍。由此可以看出,使用 WiMAX 基地台比使用 Wi-Fi 终端有更远的传输距离。

虽然 WiMAX 有较大的传输范围,但是其使用的无线频段必须拥有相关授权,否则就会无法正常使用。如果 WiMAX 与 Wi-Fi 一样都使用未授权的工作频段,那么它的传输优势就会消失。WiMAX 与 Wi-Fi 都是基于无线频段传输的技术,在运作时都会受到物理定律的限制,都在无线频段特性的限制下运行。如果在同样条件下让 Wi-Fi 使用授权频段,那么 Wi-Fi 也可以与 WiMAX 一样有较大的传输范围。

除了需要授权频段环境,WiMAX 还可以利用 pre-NMIMO(多天线双向传输)等多径处理技术。在多种技术的综合运用下,WiMAX 的性能将更加优越。

2）网络安全性

从安全角度来说,WiMAX 使用的是与 Wi-Fi 的 WPA2 标准相似的认证与加密方法。其区别在于,WiMAX 的安全机制使用的是 PKM-EAP 的加密方法,即在使用 3DES 或 AES 的同时加上 EAP 认证,而 Wi-Fi 的 WPA2 使用的是典型的 PEAP 认证与 AES 加密。两者的安全性都是可以保证的。在实际网络中,安全性还取决于实际组建方式的正确合理性。

3）移动性

从移动业务能力上看,WiMAX 与 Wi-Fi 既有区别又有联系;从联系上看,两者都支持移动性通信。两者的区别在于 WiMAX 中的 802.16e 专门用于具有一定移动特性的宽带数据业务,主要面向笔记本终端和 802.16e 终端持有者。虽然 802.16e 可以接入 IP 核心网,也可以提供 VoIP 业务,但是它的移动性有限。从覆盖范围上看,802.16e 为了获得较大的数据接入带宽(30 Mb/s),必然要牺牲宽覆盖和强移动性,因此 802.16e 在相当长一段时间内都致力于解决热点覆盖和移动性问题。在有限的移动特性下,802.16e 只适用于低速移动设备的网络数据接入。在移动性方面,虽然 Wi-Fi 技术允许设备具有移动性,但是不支持两个 Wi-Fi 基地台之间的终端切换。当设备在两个 Wi-Fi 基地台之间移动时,要想一直保持联网状态是不可能的,需要有一个重新接入网络的过程。

3.2　无线低速网络

3.2.1　低速网络协议

随着高速网络的发展,高速网络协议已经走进了人们的生活。既然已经出现了高速网络协议,为什么还需要低速网络协议呢? 其根本原因在于两者的适用范围不同。高速网络协议用于连接网络中的节点,其特点是快速、容量大,功耗相对较高;而低速网络协议用于连接物联网中的传感、信号采集点,其特点是速度足够、连接广泛,功耗相对较低。考虑到各种物体的存在和需求,除了高速网络协议,还必须有低速网络协议。低速网络协议能够适应物联网中那些能力较低的节点的低速率、低通信半径、低计算能力和低能量来源的特征。

典型的低速网络协议有三种:红外、蓝牙和 ZigBee。

红外通信技术通过红外线传输数据,在 20 世纪 90 年代比较流行。由于该技术要求两个进行传输的设备必须相互可见,通信距离相对蓝牙和其他协议更加有限,因此现在大多已经被取代。

蓝牙是一种典型的短距离无线电通信技术,能在包括移动电信、PDA、无线耳机、笔记本电脑、相关外设等众多设备之间进行无线信息交换。利用蓝牙技术,能够有效地简化移动通信终端设备之间的通信,也能够成功简化设备与网络之间的通信,从而使数据传输变得更加迅速高效。

ZigBee 协议是最早出现在无线传感网领域的通信协议,是一种短距离、低复杂度、低功耗、低数据速率、低成本的双向无线通信技术或无线网络技术,是一组基于 IEEE 802.15.4 无线标准研制开发的组网、安全和应用软件方面的通信技术。ZigBee 的技术特性决定它将是无线传感器网络的最好选择,目前广泛用于物联网、自动控制和监视等诸多领域。

3.2.2 蓝牙通信协议

(1) 蓝牙的起源

蓝牙这个名称来自 10 世纪的一位丹麦国王 Harald Blatand ,Blatand 在英文里可以被解释为 Bluetooth(蓝牙)。蓝牙标志最初是在商业协会宣布成立的时候由 Scandinavian 公司设计的。该标志保留了其名字的传统特色,包含了古北欧字母"H",看上去非常类似一个星号和一个字母"B"的组合,如图 3-6 所示。

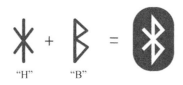

图 3-6 蓝牙标志

从蓝牙发展史来看,蓝牙 4.0 包括经典蓝牙、高速蓝牙和蓝牙低功耗协议。随着蓝牙技术由手机、游戏、耳机、便携电脑和汽车等传统应用领域向物联网、医疗等新领域扩展,蓝牙设备对低功耗的要求越来越高。从表 3-4 中传统蓝牙与低功耗蓝牙的技术对比可以看出,相比传统蓝牙,低功耗蓝牙的功耗大幅降低,极大地适应了物联网发展的需求。

表 3-4 经典蓝牙与低功耗蓝牙的技术对比

技术规范	经典蓝牙	低功耗蓝牙
无线电频率	2.4 GHz	2.4 GHz
理论通信距离	100 m	>100 m
空中数据率	1~3 Mb/s	1 Mb/s
应用吞吐率	0.7~2.1 Mb/s	0.2 Mb/s

续表

技术规范	经典蓝牙	低功耗蓝牙
节点/单元	7~16777184	未定义
安全性	64/128 bit	128 bit AES
延迟	100 ms	6 ms
语音能力	有	没有
网络拓扑	分散网	Star-bus
最大操作电流	<30 mA	<15 mA
耗电量	1 W(作为参考)	0.01~0.5 W(视使用情况)

（2）蓝牙的特点

蓝牙是实现语音和数据无线传输的全球开放性标准。它使用跳频扩谱（FHSS）、时分多址（TDMA）、码分多址（CDMA）等先进技术,在小范围内建立多种通信与信息系统之间的信息传输。作为一种短程宽带无线电技术,蓝牙具有如下特点。

① 全球范围适用:蓝牙工作在 2.4 GHz 的 ISM 频段,全球大多数国家 ISM 频段的范围是 2.4~2.4835 GHz,使用该频段无须向各国无线电资源管理部门申请许可证。

② 可以建立临时性的对等连接（ad-hoc connection）:根据蓝牙设备在网络中的角色,可将蓝牙分为主设备（master）与从设备（slave）。主设备是组网连接主动发起连接请求的蓝牙设备,几个蓝牙设备连接成一个皮网（piconet）时,其中只有一个主设备,其余的都是从设备。皮网是蓝牙最基本的一种网络形式,最简单的皮网形式是由一个主设备和一个从设备组成的点对点的通信连接。

③ 具有很好的抗干扰能力:工作在 ISM 频段的无线电设备有很多种,如家用微波炉、无线局域网和 HomeRF 等,为了更好抵御来自这些设备的干扰,蓝牙采用了跳频方式来扩展频谱,将 2.402~2.48 GHz 频段分成 79 个频点,相邻频点间隔 1 MHz。蓝牙设备在某个频点发送数据之后,再跳到另一个频点发送,而频点的排列顺序是随机的,每秒钟频率改变 1600 次,每个频率持续 625 μs。

④ 功耗低:蓝牙设备在通信连接（connection）状态下,有四种工作模式:激活（active）模式、呼吸（sniff）模式、保持（hold）模式和休眠（park）模式。其中,激活模式是正常的工作状态,另外三种模式是为了节能所规定的低功耗模式。

⑤ 成本低:随着市场需求的扩大,各个供应商纷纷推出自己的蓝牙芯片和模块,蓝牙产品价格飞速下降。

（3）蓝牙的协议栈

蓝牙协议规范遵循开放系统互连参考模型（OSI/RM）,从低到高定义了蓝牙协议堆栈的各个层次。蓝牙技术联盟（Bluetooth Special Interest Groop,Bluetooh SIG）定义蓝牙技术规范的目的是使符合该规范的各种应用之间能够实现互操作。互操作的远端设备需要使用相同的协议栈,不同的应用需要不同的协议栈,但是所有的应用都要使用蓝牙技术规范中的数据链路层和物理层。

完整的蓝牙协议栈如图 3-7 所示。蓝牙协议体系中的协议按 Bluetooth SIG 的关注程度分为四层:核心协议、电缆替代协议、电话传送控制协议和选用协议。除上述协议层外,规范还定义了主机控制器接口(HCI),它为基带控制器、连接管理器、硬件状态和控制寄存器提供命令接口。在图 3-7 中,HCI 位于 L2CAP(逻辑链路控制和适配协议)的下层,但也可位于 L2CAP 的上层。

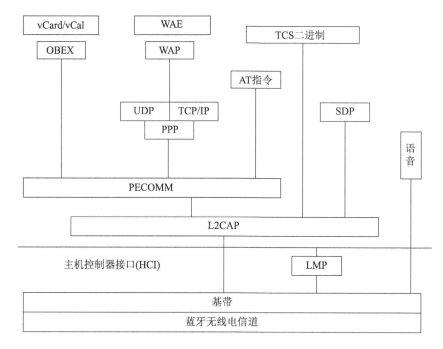

图 3-7　蓝牙协议栈

蓝牙核心协议由 Bluetooth SIG 制定的蓝牙专用协议组成。绝大部分蓝牙设备都需要核心协议(加上无线部分),而其他协议则根据应用的需要而定。电缆替代协议、电话控制协议和被采用的协议在核心协议基础上构成了面向应用的协议。蓝牙核心协议主要有以下几种。

1) 基带协议

基带和链路控制层确保微微网内各蓝牙设备单元之间由射频构成的物理连接。蓝牙的射频系统是一个跳频系统,其任一分组在指定时隙、指定频率上发送,在同一射频上可实现多路数据传送。蓝牙射频系统使用查询和分页进程同步不同设备间的发送频率和时钟,为基带数据分组提供了两种物理连接方式,即面向连接(SCO)和无连接(ACL)。ACL适用于数据分组,SCO 适用于话音以及话音与数据的组合,所有的话音和数据分组都附有不同级别的前向纠错(FEC)或循环冗余校验(CRC),而且可加密。此外,对于不同数据类型(包括连接管理信息和控制信息)都分配一个特殊通道。

2）连接管理协议（LMP）

该协议负责各蓝牙设备间连接的建立。通过连接的发起、交换、核实，进行身份认证和加密，通过协商确定基带数据分组大小。它还控制无线设备的电源模式和工作周期，以及微微网内设备单元的连接状态。

3）逻辑链路控制和适配协议（L2CAP）

该协议是基带的上层协议，与 LMP 并行工作。其区别在于，当业务数据不经过 LMP 时，L2CAP 为上层提供服务。L2CAP 向上层提供面向连接的和无连接的数据服务，采用多路技术、分割和重组技术、群提取技术。L2CAP 允许高层协议以 64 k 字节长度收发数据分组。虽然基带协议提供了 SCO 和 ACL 两种连接类型，但 L2CAP 只支持 ACL。

4）服务发现协议（SDP）

服务发现在蓝牙技术框架中起着至关紧要的作用，它是所有用户模式的基础。使用 SDP 可以查询到设备信息和服务类型，从而在蓝牙设备间建立相应的连接。

3.2.3　ZigBee 通信协议

（1）ZigBee 的起源

在使用蓝牙技术的过程中，人们发现蓝牙技术尽管有许多优点，但仍存在很多缺陷。对工业、家庭自动化控制和工业遥测遥控领域而言，蓝牙技术显得太复杂，且功耗大、距离近、组网规模太小。随着技术的发展，为了实现工业自动化，人们对无线数据通信的需求越来越强烈，而且对于工业现场，这种无线数据传输必须是高可靠性的，还能抵抗工业现场的各种电磁干扰。经过人们的长期努力，ZigBee 协议在 2003 年正式问世。

（2）ZigBee 的特点

ZigBee 是一种无线连接，可工作在 2.4 GHz（在全球流行）、868 MHz（在欧洲流行）和 915 MHz（在美国流行）三个频段上，分别具有最高 250 kb/s、20 kb/s 和 40 kb/s 的传输速率，传输距离在 10~75 m 的范围内，并可以继续增加。作为一种无线通信技术，ZigBee 具有以下特点。

① 功耗低：由于 ZigBee 的传输速率低，发射功率仅为 1 mW，且采用休眠模式，功耗低，因此 ZigBee 设备非常省电。据估算，ZigBee 设备仅靠两节 5 号电池就可以使用 6 个月到 2 年，这是其他无线设备望尘莫及的。

② 成本低：ZigBee 模块的初始成本在 6 美元左右，预计很快就能降到 1.5~2.5 美元，而且 ZigBee 协议是免专利费的。

③ 时延短：通信时延和从状态激活时延非常短，典型的搜索设备时延为 30 ms，休眠激活时延 15 ms，活动设备信道接入时延为 15 ms。因此，ZigBee 技术适用于对时延要求苛刻的无线控制应用。

④ 网络容量大：一个星型结构的 Zigbee 网络最多可容纳 254 个从设备和一个主设备，一个区域内可以同时存在最多 100 个 ZigBee 网络，且组网灵活。

⑤ 可靠:采取碰撞避免策略,同时为需要固定带宽的通信业务预留了专用时隙,避开了发送数据的竞争和冲突。MAC 层采用完全确认的数据传输模式,每个发送的数据包都必须等待接收方的确认信息。如果传输过程中出现问题可以重新发送。

⑥ 安全:ZigBee 提供了基于循环冗余校验(CRC)的数据包完整性检查功能,支持鉴权和认证,采用了 AES-128 的加密算法,各种应用可以灵活确定其安全属性。

(3) ZigBee 的协议栈

无线传感网作为物联网的典型应用,近几年受到了广泛关注。IEEE 802.15.4/ZigBee 通信协议因功耗低、复杂度低、自组织等特性而成为最早出现在无线传感网领域的通信协议。由于传感网和物联网的一些相似性,无线传感网也能为物联网的通信协议设计提供一些启发。

如图 3-8 所示,IEEE 802.15.4/ZigBee 采用开放系统互连的五层模型,包括物理层、链路层(介质访问控制层)、网络层、传输层和应用层。IEEE 802.15.4 标准规定了物理层和链路层的规范,物理层包括射频收发器和底层控制模块,链路层中的介质访问控制层(MAC)为高层提供了访问物理信道的服务接口。ZigBee 则提供了网络层及以上的规范。

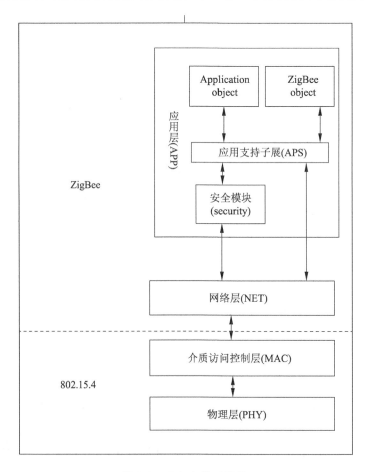

图 3-8 ZigBee 体系结构

1）物理层

该层定义了 3 种不同的工作频段（分别为 2.4 GHz、915 MHz 和 868 MHz），以及 MAC 层和无线信道之间的接口。物理层的主要功能包括物理链路的管理、工作频段的选择、信道的选择、信道质量检测、无线信道的数据传输等。

2）介质访问控制层

介质访问控制层控制和协调节点使用物理层的信道发送上层数据包。该层负责提供接口来访问物理层信道，定义节点使用物理层的信道资源的时间和方式。

3）网络层

该层主要负责网络拓扑结构的建立和管理。其功能包括网络拓扑结构的选择、网络地址分配、路由寻址、为信息的传输提供安全支持、网络中设备的断开连接管理。

4）网络层以上

网络层以上的模型主要由 ZigBee 协议规定。与互联网类似，网络层以上的模型中需要提供不同类型的传输服务，如 UDP 协议或 TCP 协议；还需要提供各种基于不同传输协议的应用，如 HTTP、FTP 等。ZigBee 协议主要包含 ZigBee 设备对象、应用对象、应用支持子层这三个组件。这三个组件相互协作，提供适合自组织无线网络的网络层以上的功能。

3.2.4　容迟网络通信协议

（1）容迟网络的起源

2002 年，Kevin Fall 开始将星际网络（Interplanetary Internet，IPN）设计中的一些想法应用于地面网络，并创造了延迟容忍网络（delay tolerant network，DTN），又称容迟网络。2003 年，SIGCOMM 会议上的一篇论文给出了 DTN 的动机——解决可能缺乏连续网络连接的异构网络中的技术问题。之后，有人对经典自组织网络和容迟网络算法进行了许多优化，并开始在传统计算机网络中研究安全性、可靠性、可验证性和其他研究领域等因素。

容迟网络是一种新型的网络体系结构，不同于基于端对端连通性假设的 TCP/IP 协议。DTN 泛指在受限环境下，由节点频繁移动、分布稀疏、节点通信范围有限、节点的低占空比操作等原因，导致网络被分割成一个一个互不连通的子区域，且源节点与目的节点通常不存在稳定端到端链路的一类网络。它采用"存储—携带—转发"的消息交换技术来传递信息，是一种容忍延迟的面向消息的可靠的覆盖层体系结构。

（2）容迟网络的特点

① 长延时：在地球与火星距离最近时，光传播时间为 4 min；而距离最远时，光传播时间会超过 20 min。在因特网中，传播时间一般以毫秒计算，远距离下如此长的延时，基于 TCP/IP 协议是无法实现的。

② 节点资源有限：DTN 网络常常分布于深空、海底、战场等环境中，其节点受体积和重量限制，电源或其他设备资源都非常有限，因而在一定程度上限制了应用效能，导致节点不得不采用一定的策略以节省资源，从而影响链路性能。

③ 间歇性连接:造成 DTN 网络间歇性连接的原因有很多,如当前时刻没有连接两个节点的端到端路径、节点为节约资源暂时关闭电源、节点移动导致拓扑变化等,它们都会造成连接中断。网络中断可以有一定规律(如卫星网络),也可以是随机的(如传感器网络)。

④ 不对称数据速率:不对称的数据速率意味着系统输入流量和输出流量的数据速率存在差异。在 DTN 网络中,数据传输的双向速率经常是不对称的,在完成空间任务时,双向速率比可达 1000∶1。

(3)容迟网络的协议栈

DTN 中的 BP 层模仿因特网的 IP 层,用来覆盖 Internet 协议。DTN 协议栈结构如图 3-9 所示。BP 层就类似于 IP 层,包含数据流动;多个 BP endpoint 可以驻留在一个计算机上,称为节点,就像多个套接字可以驻留在因特网中的同一计算机上一样。

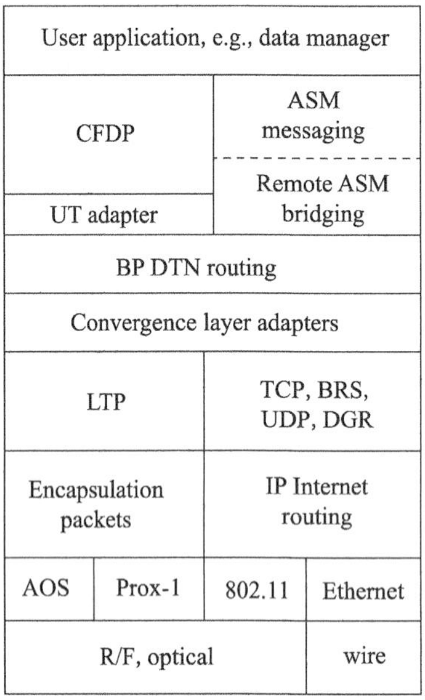

User application, e.g., data manager		
CFDP	ASM messaging	
	Remote ASM bridging	
UT adapter		
BP DTN routing		
Convergence layer adapters		
LTP	TCP, BRS, UDP, DGR	
Encapsulation packets	IP Internet routing	
AOS	Prox-1	802.11	Ethernet
R/F, optical		wire

图 3-9　DTN 协议栈结构

下面具体分析 DTN 协议栈的结构。

① ICI(interplanetary communication infrastructure):一套通用的库为其他包提供通用功能,ICI 支持在多层协议栈实现安全性的安全策略组件机制。

② LTP(licklider transmission protocol):一个核心的 DTN 协议,基于延迟容忍确认,超时和重传时提供传输可靠性。

③ BP(bundle protocol):核心 DTN 协议,对不能保证连续端到端连接的网络提供延时数据转发,包括对延迟容忍动态路由的支持。

④ DGR(datagram retransmission):数据包重传,一种用于互联网 LTP 的替代实现,配备与 TCP 类似的算法拥塞控制,DGR 使数据可靠地通过 UDP 传输。

⑤ ASM(asynchronous message service):异步消息服务,一种应用程序层服务,不是 DTN 架构的一部分,但使用底层 DTN 协议。

⑥ CFDP(CCSDS file delivery protocol):另一种应用程序,同样不是 DTN 的一部分,但使用 DTN 协议,以延迟容忍的方式执行分段、传输、接收、重组和递送文件。

3.3　移动通信网络

移动通信网络的迭代推动着互联网的快速发展,无论是 1G 还是未来的 6G("G"即 Generation),都属于移动通信技术发展的一个阶段,因人们生产生活需要而不断地更新换代,它们在传输速率、采用的移动通信技术、传输质量、业务类型等方面存在较大差别,各自遵循不同的通信协议和标准。每代通信技术相互接续,让网络速率越来越快,能够支持的移动互联网应用也越来越多,推动了移动互联网从文字信息、图片信息到视频信息的发展。

3.3.1　移动通信发展简述

(1) 1G 的发展

1976 年,美国摩托罗拉公司工程师马丁·库珀首先将无线电应用于移动电话。同年,国际无线电大会批准 800/900 MHz 频段用于移动电话的频率分配方案。1978 年,美国贝尔实验室成功研制出先进移动电话系统(advanced mobile phone system,AMPS),建成了蜂窝状移动通信网,大大提高了系统容量。此后一直到 20 世纪 80 年代中期,许多国家都开始建设基于频分复用技术(FDMA)和模拟调制技术的第一代移动通信系统,即 1G 系统。

由于采用模拟技术,1G 系统的容量十分有限。此外,1G 无线系统只能应用在一般语音传输上,且语音品质低、信号不稳定、涵盖范围也不够全面,安全性也存在较大问题。1G 系统的先天不足和昂贵的价格,使得它无法真正大规模普及和应用。

(2) 2G 的发展

2G 系统分为两种:一种是基于 TDMA 技术发展出来的,以 GSM 为代表;另一种是以 CDMA 技术为规格的移动通信系统。2G 系统采用的是数字传输技术,极大提高了通信传输的保密性。随着 2G 系统的发展,手机逐渐在人们的生活中变得流行。

(3) 3G 的发展

随着移动网络的发展,人们对数据传输速度的要求日趋高涨。2G 网络的传输速度显然不能满足人们的要求,于是高速数据传输的蜂窝移动通信技术——3G 应运而生。3G 的出现进一步促进了智能手机的发展,人们可以在手机上浏览电脑网页、收发邮件、进行视频通话、收看直播等。

（4）4G 的发展

作为 3G 的延伸,4G 已被人们所熟知。2008 年 3 月,国际电信联盟制定了 4G 标准,要求峰质速度在高速移动的通信(如在火车和汽车上使用)达到 100 Mb/s,固定或低速移动的通信(如行人和定点上网的用户)达到 1 Gb/s。

4G 系统包括 TD-LTE 和 FDD-LTE 两种制式。严格意义上来讲,LTE 只是 3.9G,尽管被宣传为 4G 无线标准,但其实并未被 3GPP 认可为国际电信联盟所描述的下一代无线通信标准 IMT-Advanced,因此在严格意义上其还未达到 4G 的标准。只有升级版的 LTE Advanced 才能满足国际电信联盟对 4G 的要求,而这一点只有 FDD-LTE 可以做到。相对于前几代,4G 系统不支持传统的电路交换的电话业务,而是全互联网协议(IP)的通信。4G 集 3G 与 WLAN 于一体,能够快速传输高质量音频和视频等。

（5）5G 的发展

随着移动互联网快速发展,新服务、新业务不断涌现,移动数据业务流量呈爆炸式增长,4G 移动通信系统难以满足移动数据流量暴涨的需求,5G 系统应运而生。5G 作为新一代移动通信网络,不仅要解决人与人、人与物、物与物的通信问题,还要满足移动医疗、车联网、智能家居、工业控制、环境监测等物联网应用需求。5G 系统最突出的特征是高速率、低时延、大连接,用户体验率达 1 Gb/s,时延低至 1 ms。

3.3.2　4G 通信技术和标准

（1）4G 无线网的关键技术

1）正交频分复用(OFDM)技术

OFDM 技术在 4G 无线网络系统中起关键性作用,它将所给信道分解成众多窄正交子信道,在每个子信道上使用一个子载波进行调制,并且各子载波并行传输,让信号波能够协调存在一个空间,不受彼此干扰。OFDM 技术主要解决高传输速率下无线信号波形失真、传输效率差等 4G 网络问题。因此,OFDM 技术已成为 4G 无线网络系统中相关技术的核心。

2）多进多出(MIMO)技术

MIMO 技术是解决 4G 无线网络高容量问题的主要技术手段,采用多输入多输出的方式实现。MIMO 技术的核心是在信号无线侧增加多路收发天线来实现多通道传输效果,使高容量用户在不同通道内传输,互不干扰对方,从而达到高速率传输效果。MIMO 技术在空间上把不同信息通过不同管道进行传输,不仅极大地改善了高容量、高速率下的用户效果,也解决了有限传输资源下寻求高容量、高速率传输的矛盾问题,大大提高了频带资源的利益效率,进而提高了无线网络的覆盖区域及覆盖效果。

3）软件定义无线电技术

软件定义无线电技术对我国通信系统有着重大的作用,是唯一能够结合不同通信技术成功实现连接的技术。在 4G 环境下,通信系统的发展更加先进完善,软件也在以往基础上进入一个新的发展阶段。随着通信技术的发展,为了提高无线网络的质量及效率,软件定义无线电技术应运而生。软件定义无线电技术的主要优势在于它能同时运行多个软件系统,从而形成不同形式、不同层次的通信模式,基于此,移动终端能无障碍进入各个不同系统。

4) 基于 IP 的核心网的技术

4G 移动通信系统的核心网是一个基于全 IP 的网络,与已有移动网络相比具有根本性的优点,即可以实现不同网络间的无缝互联。核心网独立于各种具体的无线接入方案,能提供端到端的 IP 业务,能同已有核心网和公共交换电话网络(PSTN)兼容。核心网具有开放结构,能允许各种空中接口接入核心网;同时,核心网能把业务、控制和传输等分开。采用 IP 后,其无线接入方式及协议与核心网络(CN)协议、链路层是独立的。IP 与多种无线接入协议相兼容,因此在设计核心网络时具有很大的灵活性,不需要考虑无线接入究竟采用何种方式和协议。

5) 多用户检测技术

多用户检测技术是宽带 CDMA 通信系统中抗干扰的关键技术。在实际的 CDMA 通信系统中,各个用户信号之间存在一定的相关性,这就是多址干扰存在的根源。由个别用户产生的多址干扰固然很小,但随着用户数的增加或信号功率的增大,多址干扰成为宽带 CDMA 通信系统的主要干扰之一。传统检测技术完全按照经典直接序列扩频理论对每个用户信号分别进行扩频码匹配处理,因而抗多址干扰能力较差;多用户检测技术在传统检测技术的基础上,充分利用造成多址干扰的所有用户信号信息对单个用户信号进行检测,从而具有优良的抗干扰性能,解决了远近效应问题,降低了系统对功率控制精度的要求,因此可以更加有效地利用链路频谱资源,显著提高系统容量。随着多用户检测技术的不断发展,各种高性能且低复杂度的多用户检测算法不断被提出,因此在实际系统中采用多用户检测技术是切实可行的。

(2) 4G 通信标准

1) LTE-Advanced 技术标准

LTE-Advanced 技术包含 TDD 和 FDD 两种制式,其中 TD-SCDMA 网络能够进化到 TDD 制式,而 WCDMA 网络能够进化到 FDD 制式。移动主导的 TD-SCDMA 网络期望能够直接绕过 HSPA+网络而直接进入 LTE。

2) WirelessMAN-Advanced 技术标准

WirelessMAN-Advanced 技术是 WiMAX 技术的升级版,即 IEEE 802.16m 标准。802.16m 最高可以提供 1 Gb/s 的无线传输速率,兼容 LTE 无线网络。在实际应用中,802.16m 可在"漫游"模式或高效率或强信号模式下提供 1 Gb/s 的下行速率,还支持"高移动"模式,能够提供 100 Mb/s 的速率。

目前,WirelessMAN-Advanced 有 5 种网络数据规格。其中,极低速率为 16 kb/s,低速率数据及低速多媒体为 144 kb/s,中速多媒体为 2 Mb/s,高速多媒体为 30 Mb/s,超高速多媒体则达到了 30 Mb/s~1 Gb/s。

3.3.3　5G 通信技术和标准

（1）5G 无线网的关键技术

1）超密集异构网络技术

在 5G 增强移动带宽的应用场景下,5G 通信系统的节点数量更多,因而能够支持更大流量的业务。为满足持续增长的数据业务需求,需建设超密集异构网络,部署现有站点数量十倍及以上的各种无线节点,支持 1~2 km 范围内用户的网络业务。在超密集异构网络技术支持下,可实现用户数量和无线节点数量 1∶1,即每个用户由一个节点提供服务,使得通信网络的容量与功率大幅度提高。

2）内容分发网络技术

在实施 5G 通信后,随着网络流量的增大,用户网络业务效率有所降低,影响了用户的服务体验。针对该问题,专家在 5G 通信网络中引入内容分发网络(CDN)技术,在传统网路架构中设置虚拟层次,综合分析用户的连接状态及其与服务器的距离,将大量用户的网络内容分发至最近的代理服务器,从而提高信息传递效率,避免网络拥堵,提高通信网络的响应速度,实现低时延的目标。

3）自组织网络技术

在以往的通信网络中,网络部署等工作均由人工完成。而在 5G 通信网络建设中,网络更为复杂,人工部署与运维难度较高,难以实现上述应用场景。针对该问题,专家在 5G 通信中引入自组织网络技术。该技术可自动完成通信网络的规划与部署,实现通信网络的故障自诊断与自愈合,具有降低网络配置成本、符合 5G 通信网络大容量要求的优势。

4）D2D 通信技术

5G 通信网络的上述应用场景对通信网络的容量及频谱效率有着更高要求,D2D 通信技术的应用,可使数据在近距离终端直接传输而无须通过基站转运,从而显著提升信道质量,减少基站传输的时延,提高数据传输效率,降低通信功耗,提高频谱效率,使通信网络的运行更具可靠性,进而实现超高可靠性、低时延的建设目标。

5）信息中心网络技术

在 5G 通信应用场景中,随着高清视频与直播等服务的日益激增,基于位置通信的传统 TCP/IP 网络无法满足数据流量分发的要求。针对该问题,专家在 5G 通信网络中引入信息中心网络技术,全面整合通信网络的媒体流、网页服务等信息,以信息为中心实现网络通信,创新网络协议,显著提升通信网络的实时性及动态性,为高清视频及直播等服务提供技术支持,拓展 5G 通信的应用场景。

（2）5G 通信标准

全球移动通信标准组织 3GPP 于 2018 年 6 月发布了第一个独立组网 5G 标准。3GPP 制定的 R15 和 R16 标准能够满足 ITU IMT-2020 的全部需求,其中:R15 为 5G 基础版本,重点支持增强移动宽带业务和基础的低时延高可靠业务;R16 为 5G 增强版本,支持更多的物联网业务。考虑到 5G 将与 LTE 长期共存,并且运营商拥有的频谱不同、部署节奏不同、5G 网络业务定位不同,3GPP 标准分阶段支持多种 5G 组网架构。具体地,R15 标准包含 3 个子阶段,第一个子阶段为 2017 年底完成非独立组网的 5G 标准,第二个子阶段为 2018 年 6 月完成可独立组网的 5G 标准,第三个子阶段为 2018 年 12 月完成支持更多组网架构的版本,这些子版本为运营商提供了更多组网选择。2019 年底,3GPP 发布了了 R16 标准。R16 标准在 R15 标准的基础上,进一步增强网络支持移动宽带的能力和效率,同时扩展支持更多物联网场景。2021 年 6 月,R17 标准完成功能冻结,并在 2022 年第一季度、第二季度分别完成协议冻结和协议编码冻结,也就是完成 3 个阶段的全部标准制定工作。至此,5G 的首批 3 个版本标准全部完成。从 R18 开始的所有标准将被视为 5G 的演进,命名为 5G Advanced。

3.3.4　6G:下一代移动网络

(1) 6G 的产生背景

尽管 5G 的系统指标及能力有了大幅提升,应用场景也逐渐多元化,但是仍然存在局限。面向未来,仍有巨大驱动力推动移动通信网络不断演进。一方面是新兴技术的驱动,如人工智能、区块链、云计算等 ICT 技术,以及新型材料、天线等工艺。另一方面是需求的不断演进。随着多样化终端的发展及各行业数字化水平的提高,全息通信、沉浸式 XR、触觉互联网、智慧工厂等业务被提出,不仅要求全面提升速率、时延、连接数、覆盖范围等传统性能指标,还将提出对感知、定位、安全等全新维度的需求。因此,针对下一代移动通信的愿景、需求及技术的研究逐步开展起来,而由于 5G 给社会带来的巨大变革及附加经济价值,使得全球具备竞争力的国家及产业链高度重视移动通信技术,不仅各大标准组织、学术界甚至很多国家相关机构、产业界都纷纷展开预研,旨在 2030 年到来之时,能够具备成熟的技术体系,满足新型业务需求,同时提高自身竞争力。

(2) 6G 潜在研究方向

1) 超大规模天线

多天线技术是提升系统频谱效率最有效的手段之一。随着新材料和新技术的出现,天线阵列规模将进一步扩大,并可支持新场景,提供新服务,获取更高的频谱效率、更大的网络覆盖和更精确的定位。它的相关应用场景可以是宏覆盖、热点覆盖、立体覆盖、高速移动覆盖、精确定位。

2) 太赫兹通信

太赫兹频谱资源丰富,可满足 6G 极高容量、极高速率的频谱需求,但频段高、传输距离短,更适合特定场景的热点覆盖。太赫兹频段波长极短,易于超大规模天线集成,以形成极窄波束,借助超大带宽,可实现高精度定位;同时,极短波长也可提升对周围环境感知的能力,通过对信道及环境的深度感知和理解,可极大提升通信网络性能。它的相关应用场景可以是地面通信应用场量、空间通信应用场量、微纳尺度应用场景等。

3）通信感知一体

通信能力与感知能力融合共生,既能充分满足多维感官的交融互通,又能有效支撑通信能力的广域拓展。通信感知一体化在提供多种无线感知能力（定位、识别、成像、重构等）的基础上,将更好地服务于未来智慧生活、产业社会治理等领域,构建全新的6G原生感知应用。

4）无线人工智能

网络智能化是6G的重要特征,人工智能与无线通信相结合,通过构建新型无线AI网络架构和协议,可显著提升网络智能,促进感知、通信与计算的深度融合。

5）智能超表面

智能超表面技术能够突破传统无线信道不可控特性,主动地控制无线传播环境,在三维空间中实现信号传播方向调控及增强或消除,抑制干扰并增强信号,构建6G智能可编程无线环境新范式。

第4章 边缘计算赋能的可信溯源监管任务卸载与资源调度技术

4.1 边缘计算基础

随着数字经济加速发展,智能交通、智慧城市等新型场景不断涌现,传统的云计算技术已经无法满足终端侧"大连接、低时延、大带宽"的需求,技术的发展及市场的需求推动了边缘计算的发展。

边缘计算和云计算都是分布式计算技术,边缘计算处于物理实体和工业连接之间,或者处于物理实体的顶端,而云端计算可以访问边缘计算的历史数据。

4.1.1 分布式计算

(1) 分布式计算的定义

分布式计算是一种计算方法,与集中式计算是相对的。随着计算技术的发展,有些应用需要非常巨大的计算能力才能完成,若采用集中式计算,则需要耗费相当长的时间。分布式计算可以通过互联网将许多计算机节点互联,将单台计算机无法完成的计算任务分解成多个任务分配到网络的多个计算机中执行。这样可以节约整体计算时间,大大提高计算效率。分布式计算的本质是将一个大型的任务分成若干个小任务,让多个计算机去处理。

如图 4-1 所示,与单机计算模式不同,分布式计算包括在通过网络互联的多台计算机上执行的计算,每台计算机都有自己的处理器及其资源。用户可以通过工作站完全使用与其互连的计算机上的资源。此外,通过与本地计算机及远程计算机交互,用户可访问远程计算机上的资源。WWW 是该类计算的最佳例子。当通过浏览器访问某个 Web 站点时,一个诸如 IE 的程序将在本地系统运行并与运行于远程系统中的某个程序(即 Web 服务器)交互,从而获取驻留于另一个远程系统中的文件。

分布式计算的优点:性价比高、可资源共享、具有可伸缩性、具有容错性。

分布式计算的缺点:多点故障、安全性低。

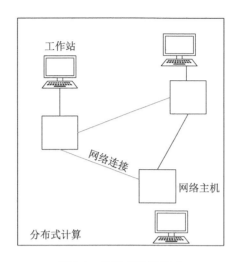

图 4-1　分布式计算模式

（2）分布式系统

分布式系统指通过网络互连,可协作执行某个任务的独立计算机集合。这个定义有两个方面的含义:第一,从硬件角度,每台计算机都是自主的;第二,从软件角度,用户将整个系统看作一台计算机。这两者都是必需的,缺一不可。

如图 4-2 所示,分布式系统通常由多个位于不同位置的独立计算机组成,这些计算机通过网络进行通信和协作,共同完成一项任务。

分布式系统的特征:具有可靠性、可拓展性、可用性、高效性;适用 Cap 理论。

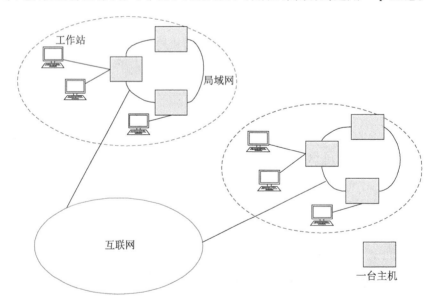

图 4-2　分布式系统

4.1.2　边缘计算的基本概念

万物互联不仅包括物联网环境下物与物的互联,还包括具有语境感知功能、更强的计算能力和感知能力的人与物的互联。万物互联以物理网络为基础,融合网络智能、万物之间的协同能力以及可视化的功能。传感器、智能手机、可穿戴设备以及智能家电等设备将成为万物互联的一部分,并产生海量数据,而现在云计算模式的网络带宽和计算资源还不能高效处理这些数据。

（1）传统云计算模型的限制

云计算利用大量云端计算资源来处理数据。但万物互联环境下,传统云计算模型不能有效满足万物互联应用的需求,其主要原因如下:

① 直接将边缘设备端海量数据发送到云端,造成网络带宽负载和计算资源浪费。

② 解决传统云计算模型的隐私保护问题成为万物互联架构中云计算模型面临的重要挑战。

③ 万物互联架构中大多数边缘设备节点的能源是有限的,而 GSM、Wi-Fi 等无线传输模块的能耗很大。

（2）边缘计算的边缘计算模型的价值与优势

利用边缘设备已具有的计算能力,将应用服务程序的全部或部分计算任务从云中心迁移到边缘设备端执行,有利于降低能源消耗。

边缘计算是在网络边缘执行计算的一种新型的计算模型,其对数据的处理主要包括两个部分:一是下行的云服务;二是上行的万物互联服务。边缘计算中的"边缘"是指从数据源到云计算中心路径之间的任意计算、存储和网络资源。云计算中心不仅从数据库收集数据,也从传感器等边缘设备中收集数据,这些设备兼顾数据生产者和消费者,因此终端设备和云中心之间的请求传输是双向的。网络边缘设备不仅可以从云中心请求内容及服务,而且可以执行部分计算任务,包括数据存储、处理、缓存、设备管理、隐私保护等。

从某种角度上来讲,边缘计算模型是一种分布式计算系统,并且具有弹性管理、协同执行、环境异构以及实时处理等特点。边缘计算主要包括以下几个优势:① 安全性更高。边缘计算中的数据仅在源数据设备和边缘设备之间交换,不再全部上传至云计算平台,防范了数据泄露的风险。② 时延低。边缘计算更靠近数据源,可快速处理数据、实时做出判断,能够保障时延要求高的应用场景。③ 带宽成本降低。边缘计算支持数据本地处理,大流量业务本地卸载可减轻回传压力,有效降低成本。

（3）边缘计算的关键技术

1）计算迁移

在云计算模型中,计算迁移的策略是将计算密集型任务迁移到资源充足的云计算中心的设备中执行。但是在万物互联的背景下,海量边缘设备产生海量的数据,海量数据的传输影响了系统的整体性能。因此,边缘计算模型的计算迁移策略应该是以减少网络传输数据量为目的的迁移策略,而不是将计算密集型任务迁移到边缘设备执行。边缘计算中的计算迁移策略是在网络边缘处,将海量边缘设备采集或产生的数据进行部分或全部计算的预处理操作,过滤无用的数据,降低传输的带宽。

2) 5G 通信技术

5G 通信技术提供了三个技术场景:增强移动宽带(eMBB)、海量机器类通信(mMTC)、超可靠低时延通信(uRLLC)。其中,eMBB 主要面向虚拟现实(VR)、增强现实(AR)等高带宽需求的业务;mMTC 主要面向智慧城市、智能交通等高连接密度需求的业务;uRLLC 主要面向无人驾驶、无人机等时延敏感的业务。

边缘设备通过处理部分或全部计算任务,过滤无用的信息数据和敏感数据后,还是需要将中间数据或最终数据上传到云中心。5G 通信技术是移动边缘终端设备降低数据传输时延的必要解决方案。

3) 新型存储系统

边缘计算在数据存储和数据处理方面具有较强的实时性需求。相比现有的嵌入式存储系统而言,边缘计算存储系统具有低时延、大容量、高可靠性等特点。边缘计算的数据具有更高的时效性、多样性和关联性,需要保证边缘数据连续存储和预处理,因此,如何高效存储和访问连续不间断的实时数据,成为边缘计算中存储系统设计需要重点关注的问题。随着边缘计算的迅速发展,高密度、低能耗、低时延和高读写速度的非易失存储介质将会大规模地部署在边缘设备中。

4) 轻量级函数库和内核

网络边缘中存在着由不同厂商设计生产的海量边缘设备,这些设备具有较强的异构性且性能参数差别较大,因此在边缘设备上部署应用非常困难。虚拟化技术被视为解决这一难题的首选方案,但目前该技术相关功能库的部署时延较大,且对边缘计算模型来说,更应该采用轻量级库的虚拟化技术。同时,资源受限的边缘设备也需轻量级库和内核的支持,以消耗更少的资源及时间,达到更好的性能。因此,轻量级库和算法是边缘计算中不可缺少的技术。

4.1.3 边缘计算与云计算

几乎所有围绕数字化转型或物联网(IoT)的行业对话都提到了"云计算"和"边缘计算"。有些人可能会说:"云计算通常被认为是一个很好的选择,只需要将所有数据发送到云端分析即可。"但也有人认为,"边缘计算"是一项重要的突破,它提供了云计算永远无法实现的成果。这两种声音通常让人认为必须要在云计算和边缘计算中做选择。事实上,云计算和边缘计算是不可替代、不可互换的。如果说云计算实现的是"大而全",那么边缘计算实现的更多的是"小而美",从数据源头入手,以"实时、快捷"的方式完成与云计算的应用互补。

云计算是一种集中式服务,所有数据都通过网络传输到云计算中心进行处理。云计算可以将很多的计算机资源协调在一起,使用户通过网络获取到无限的资源,并且不受时间和空间的限制。边缘计算则是在靠近物或数据源头的一侧,采用集网络、计算、存储、应用核心能力为一体的开放平台,提供最近端服务。其应用程序在边缘侧发起,可产生更快的网络服务响应,满足行业在实时业务、应用智能、安全与隐私保护等方面的基本需求。

　　云计算和边缘计算本质上都是处理大数据的计算运行方式。简单地说,云计算用于处理非时间驱动的信息,边缘计算用于处理对时间敏感的信息。更准确地说,边缘计算是对云计算的一种补充和优化,云计算注重整体,边缘计算更专注于局部。如果说云计算是集中式大数据处理,那么边缘计算可以理解为边缘式大数据处理。边缘计算与云计算相比,数据不用再传到遥远的云端,在边缘侧就能解决;边缘计算更适合实时的数据分析和智能化处理,相较单纯的云计算也更高效且安全。边缘计算与云计算详解如图 4-3 所示。

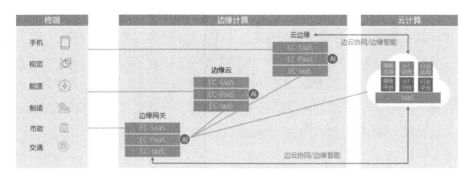

图 4-3　边缘计算与云计算详解

　　大数据应用中常常面临一个痛点,就是采集不到合适的数据,而边缘计算可以为核心服务器的大数据算法提供最准确、最及时的数据来源。如果把云计算比作计算机智能系统的大脑,那么边缘计算就是其眼睛、耳朵和手脚。边缘计算和云计算的结合让整个智能系统不但头脑清楚,而且耳聪目明、手脚灵活。

　　通常,云计算聚焦非实时、长周期数据的大数据分析,能够为业务决策支撑提供依据;边缘计算则聚焦实时、短周期数据的分析,能更好地支撑本地业务的实时智能化处理与执行。两者结合,可共同为移动计算、物联网等提供更好的计算平台。

4.1.4　边缘计算平台

　　"边缘计算"和"边缘计算平台"是当今业界很容易混淆和误用的两个术语。很多人对"边缘计算平台"这个词不是很了解。边缘计算是指在靠近物或数据源头的一侧,采用集网络、计算、存储、应用核心能力于一体的开放平台,提供最近端服务。边缘计算平台是指用于编写和运行软件应用程序的软件环境。

　　在边缘计算环境下,数据具有异构性且数据量较大,数据处理的应用程序具有多样性,不同应用程序所关联的计算任务又不尽相同,对于计算任务的管理具有较大的复杂性,而简单的中间件软件结构无法有效保证计算任务的可行性、应用程序的可靠性以及资源利用的最大化。同时,面向不同应用或场景的边缘计算系统所要实现的功能存在差异性。因此,边缘计算平台对边缘计算领域的推广和发展有着重要的意义和影响。

随着 5G、AI 等技术的普及和万物互联时代到来,边缘计算规模和业务复杂度发生了根本变化:边缘实时计算、分析和边缘智能等新型业务不断涌现,对边缘计算效率、可靠性和资源利用率提出了更高要求。因此,诸多厂家提出建设边缘计算平台。平台涉及边缘侧网络、计算以及存储资源管理,提供基础功能,如设备接入、安全校验、监控、动态医学影像 AI 辅助诊断等,其接口、架构、管理逐步成体系(见图 4-4)。但各厂家的边缘计算平台差异较大,行业边缘应用部署时需要适配不同边缘计算平台,导致跨平台应用部署难度大,故考虑引入开源技术打造 5G MEC 边缘计算架构和能力开放的事实标准,打破当前边缘计算平台市场烟囱式、碎片化现状,降低产业应用客户上车门槛,实现规模复制,通过开源协作方式构建统一 5G MEC 平台。

边缘计算系统是一个分布式系统范例,在具体实现过程中需要将其落地到一个计算平台上。各个边缘平台之间如何相互协作、提高效率,如何实现资源的最大利用率,对设计边缘计算平台、系统和接口带来了不小的挑战。例如,网络边缘的计算、存储和网络资源数量众多但在空间上分散,如何组织和统一管理这些资源是一个需要解决的问题。在边缘计算的场景下,尤其是物联网,诸如传感器之类的数据源,其软件和硬件以及传输协议等具有多样性,如何方便有效地从数据源中采集数据是一个需要考虑的问题。此外,在网络边缘的计算资源并不丰富的条件下,如何高效地完成数据处理任务也是一个需要解决的问题。

目前,边缘计算平台的发展方兴未艾。由于针对的问题不同,各边缘计算平台的设计多种多样,但也不失一般性。边缘计算平台的一般性功能框架如图 4-4 所示。在该框架中,资源管理用于管理网络边缘的计算、网络和存储资源;设备接入和数据采集分别用于接入设备和从设备中获取数据;安全管理用于保障来自设备的数据的安全;平台管理用于管理设备和监测控制边缘计算应用的运行情况。

各边缘计算平台的差异可从以下几方面进行对比和分析:

① 设计目标。边缘计算平台的设计目标反映了其所针对解决的问题领域,并对平台的系统结构和功能设计产生关键性的影响。

② 目标用户。在现有的各种边缘计算平台中,有部分平台被提供给网络运营商部署边缘云服务;有的平台则没有限制,普通用户可以自行在边缘设备上部署使用。

③ 可扩展性。为满足用户应用动态增加和删除的需求,边缘计算平台需要具有良好的可扩展性。

④ 系统特点。面向不同应用领域的边缘计算开源平台具有不同的特点,而这些特点能为边缘计算应用的开发或部署带来方便。

⑤ 应用场景。常见的应用领域包括智能交通、智能工厂和智能家居等场景,以及增强现实(AR)/虚拟现实(VR)应用、边缘视频处理和无人车等对响应时延敏感的应用场景。

　　根据边缘计算平台的设计目标和部署方式,可将目前的边缘计算开源平台分为面向物联网端的边缘计算开源平台、面向边缘云服务的边缘计算开源平台、面向云边融合的边缘计算开源平台三类。

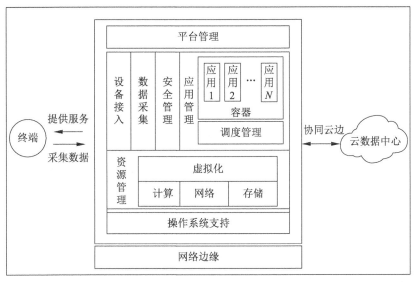

图 4-4　边缘计算平台功能框架图

4.2　可信溯源监管任务卸载

　　边缘节点的计算资源和网络资源是有限的。因此,可信溯源监管任务是在本地执行还是卸载到边缘节点或云端,移动设备应进行仔细的规划,以达到任务完成时延最短的目标,这在边缘计算系统中称为计算任务卸载问题。设计高效的、节能的计算任务卸载方案是边缘计算领域中重要的研究方向之一,需要考虑边缘节点资源分配的合理性,以及不同的任务执行方案所带来的时延和移动设备能耗差异等因素。智能设备的移动性、计算任务的异构性(即不同的任务所需计算资源和网络资源不同),以及边缘节点资源的有限性和异构性,对计算任务卸载问题的解决形成了不小的挑战。

4.2.1　边缘计算中任务卸载研究

(1) 边缘计算中的计算任务卸载问题

　　在现实环境中,计算卸载会受到外界环境、软硬件环境或者用户个性等多种因素影响,如无线信道内部及外部的干扰、终端边缘端及云端的性能、用户个性化使用等。这些前提使得制定合理且适应环境动态变化的任务卸载策略变得困难而又至关重要。

　　首先,用户的体验感是网络服务最重要的指标,而且用户的计算任务之间存在关联性,某个任务的响应时间过长可能造成有承接关系的计算任务响应失败,因此计算任务的执行时延是判定任务卸载决策好坏的重要指标。其次,终端设备的能耗也是用户关心的一个指标,能耗过大会大大减弱设备的续航能力,并且长期的能耗高压可能会影响设备的使用寿命。因此,计算任务的卸载决策需要同时考虑时延和能耗两个方面,从而找到较好的时延和能耗的平衡点。根据以上分析,可以将关注任务卸载决策制定的研究分为以最小化时延为目标、以最小化能耗为目标、以权衡时延与能耗为目标三大类。

由于不同的边缘端设备的计算和存储能力不同,计算卸载决策的制定与边缘端的资源分配息息相关。分配的资源主要包括移动端的计算资源(调节 CPU 频率)和能量资源(调节数据传输功率),以及边缘端的无线网络资源(信道竞争)、计算资源(CPU 和 GPU 等)和存储资源(服务缓存)。在多用户场景中,存在多个用户将计算任务卸载到同一边缘端的情况,这些用户需要竞争无线带宽资源。此外,卸载到同一边缘端的计算任务需要竞争计算和存储资源。因此,如何分配网络、计算和存储资源,对计算任务卸载策略的制定有着非常大的影响。同样地,边缘计算中资源分配的研究主要可以分为通信资源分配、计算资源分配、联合计算与通信资源分配三大类。

(2) 计算卸载决策

计算卸载是指终端设备将部分或全部计算任务交给云计算环境处理的技术,以解决移动设备在资源存储、计算性能及能效等方面的不足,是移动边缘计算(mobile edge computing,MEC)的关键技术之一。计算卸载包括卸载决策、资源分配和卸载系统的实现三个方面。其中,卸载决策主要解决的是移动终端决定如何卸载、卸载多少以及卸载什么的问题;资源分配重点解决终端在实现卸载后如何分配资源的问题;卸载系统的实现则侧重于移动用户迁移过程中的实现方案。

卸载决策是指用户设备(user equipment,UE)决定是否卸载、卸载多少以及卸载什么的问题。在卸载系统中,UE 一般由代码解析器、系统解析器和决策引擎组成,执行卸载的步骤如图 4-5 所示。

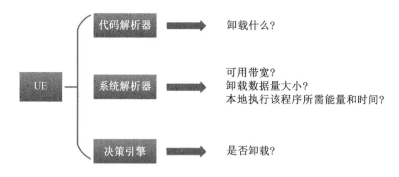

图 4-5　卸载决策步骤

UE 卸载决策结果分为本地执行、完全卸载和部分卸载。现阶段具体决策结果由 UE 能量消耗和完成计算任务的时延决定。卸载决策的目标主要分为降低时延、降低能量消耗、权衡能耗与时延、最小化用户的费用开销等方面。

1）以降低时延为目标的卸载决策

一般地,如果将计算任务直接在本地执行,那么时延即为执行该任务所消耗的时间。如果将计算任务卸载到 MEC 服务器上,那么所消耗的时间(时延)涉及三部分:将需要卸载的数据传送到 MEC 的时间、在 MEC 处理任务的时间和接收从 MEC 返回数据的时间。并且将计算任务卸载到 MEC 所产生的时延将直接影响用户的网络服务质量(QOS),因此以降低卸载时延为目标是对其进行优化的一个重要方向。

2）以降低能量消耗为目标的卸载决策

将计算卸载到 MEC 服务器消耗的能量主要由两部分组成:一是将卸载数据传送到服务器的能量;二是接收服务器返回数据所消耗的能量。选择合适的能量优化模型,以降低终端的能量消耗为目标也是一个主要的优化方向。

3）以权衡能耗和时延为目标的卸载决策

在执行复杂的计算任务时,能耗和时延都直接影响 QoS,因此如何在执行卸载任务时综合考虑能耗和时延是进行卸载决策的重要考虑因素。大多数计算卸载决策方案的目标是在满足卸载应用程序可接受时延的同时最小化终端处的能量消耗,或者根据不同用户的需求在两个优化目标之间做出权衡。

4）以最小化用户的费用开销为目标的决策

当用户把计算任务卸载到 MEC 服务器时,运营商将根据用户使用计算资源的多少来进行收费。因此,使用越多的 MEC 计算资源也就意味着需要向运营商缴纳更多的费用。在执行计算卸载时,除了时延和能耗之外,费用也是一个值得考虑的因素。

4.2.2　基于智能优化的边缘任务卸载区间划分及选择方法

网络状态感知的作用在于使得软件定义网络(software defined network,SDN)控制器始终可以获取网络中各节点的信息,从而选择合适的时机卸载任务以降低网络和任务返回的延迟。图 4-6 为基于智能优化的边缘任务卸载区间选择方法的决策流程。首先,收集可信溯源监管任务及边缘计算节点信息;其次,根据收集到的信息计算网络延迟并根据网络延迟将各个边缘计算节点的覆盖范围划分为不同区域;再其次,结合边缘计算节点、任务信息和划分的区间建立马尔可夫模型;最后,使用深度确定性策略梯度(deep deterministic policy gradient,DDPG)算法确定最佳卸载时机。

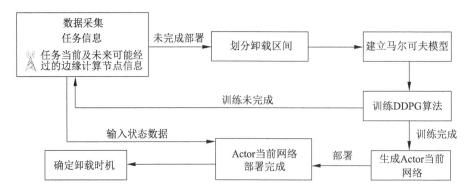

图4-6 可信溯源监管任务卸载时隙决策流程

边缘计算节点区域中的卸载任务为 $q = \{Q_1, \cdots, Q_j\}$，其中 Q_j 表示第 j 个任务；任务大小为 $m = \{M_1, \cdots, M_j\}$，其中 M_j 表示 Q_j 的大小；任务的发送截止时间为 $t = \{T_1, \cdots, T_j\}$，其中 T_j 表示 Q_j 的截止时间。可信溯源监管任务当前或未来可能接入的边缘计算节点集合为 $r = \{R_1, \cdots, R_i\}$；边缘计算节点中的网络带宽为 $b = \{B_1, \cdots, B_i\}$，其中 B_i 表示 R_i 的网络带宽；各个边缘计算节点已经接入的任务数目为 $rA = \{R_1A, \cdots, R_iA\}$；卸载策略为 $l = \{L_1, \cdots, L_j\}$，L_i 表示第 j 个任务选择卸载的地点；变量 $z = \{z_1, \cdots, z_j\}$，$z_j = 1$ 表示任务 Q_j 被卸载，$z_j = 0$ 表示没有被卸载；由于网络延迟受各个边缘计算节点及其接入网络带宽、任务在边缘计算节点覆盖范围中的位置、边缘计算节点接入任务数量、任务大小的影响，因此将网络延迟函数定义为 $D(b, l, rA, m)$，其中 D_j 表示任务 Q_j 的网络延迟，$rA(l)$ 表示被决策 l 影响的接入任务数量。将任务的卸载区域问题转化为式（4-1）。

$$\begin{cases} \min \sum_{i=1}^{j} z_i D(B_i, L_i, rA, M_i) \\ rA = rA(l) \end{cases} \tag{4-1}$$

式中，$\forall i = 1, \cdots, j; D_i \leqslant T_i$。

假设某可信溯源监管任务要求在 T 时间内卸载至边缘计算节点。首先收集该任务当前及未来时间 T 内会接入的边缘计算节点的信息，如接入带宽、节点的负载、任务卸载请求等，然后将这些边缘计算节点的覆盖范围划分为若干区域。具体划分方法如下：设某边缘计算节点的链路带宽为 W、平均信号功率为 S、平均噪声功率为 N、边缘计算节点与任务的链路损耗功率为 L_P，则计算任务与边缘计算节点的传输速率 r 的表达式为

$$r = W \times \log_2 \left(1 + \frac{S \times 10^{-[L_P]/10}}{N} \right) \tag{4-2}$$

式中，$[L_P] = 32.45 + 20 \lg d + 20 \lg f$，其中 d 为任务与边缘计算节点之间的距离，f 为边缘计算节点的信号频率。

由于网络延迟受任务与边缘计算节点的相对距离影响，因此将每个边缘计算节点的覆盖范围划分为 n 个区域。为减少计算量，假设相同区域内网络延迟 D 相等。如图4-7

所示,图中椭圆为边缘计算节点的覆盖范围,椭圆中的不同颜色代表不同的区间,其中 $q \in [1,n]$。

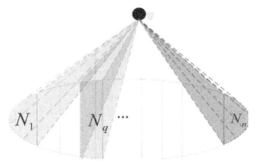

图 4-7　边缘计算节点区间时隙划分

拟采用 DDPG 方法确定任务卸载时机。将任务当前或未来时间 T 内可能接入的边缘计算节点集合定义为 $r = \{R_1, \cdots, R_i\}$,每个边缘计算节点划分为 n 个区域,定义为 $R = \{N_1, \cdots, N_n\}$,$R \in r$,首先建立马尔可夫状态模型。

马尔可夫模型中状态空间 $S = \{t, rD, rA, v\}$,其中各个参数说明如下:

① 该任务当前接入的边缘计算节点中每个任务发送的截止时间为 $t = \{T_1, \cdots, T_j\}$。

② r 中区域的网络延迟定义为 $rD = \{R_1N_1D, \cdots, R_iN_nD\}$。$R_xN_yD$ 表示 R_x 中区域 N_y 的网络延迟,其中 $x \leq i, y \leq n$。

③ r 中各个边缘计算节点已经接入的任务数目为 $rA = \{R_1A, \cdots, R_iA\}$;马尔可夫模型中动作空间 $A = \{(a,b) \mid a \in [1,i] \cap \mathbf{N}_+, b \in [1,n] \cap \mathbf{N}_+\}$,其中 a 表示执行卸载任务时接入的边缘计算节点;b 表示执行卸载任务时所在的边缘计算节点的区间;$\mathbf{N}_+$ 表示正整数。

马尔可夫模型中奖励函数为

$$reward = \varepsilon(\eta) \times base - time(m) + access(rA) + [2\varepsilon(\eta) - 1] \times delay(rD) \tag{4-3}$$

式(4-3)中的参数说明如下:

① $\varepsilon(\eta)$ 为跃阶函数,$base$ 为基础奖励,$\varepsilon(\eta) \times base$ 表示若执行卸载任务成功则会获取基础奖励 $base$,否则没有。

② $time(m)$ 表示任务在卸载前所消耗的时间。

③ $access(rA)$ 表示选定卸载任务时边缘计算节点已经接入的任务数目。

④ $delay(rD)$ 表示当下执行卸载时的网络延迟。$[2\varepsilon(\eta) - 1] \times delay(rD)$ 表示若在延迟允许的范围内执行卸载则获得奖励,否则获得惩罚。

根据上述信息建立马尔可夫模型后,使用 DDPG 算法获取最佳卸载时机,在减少网络延迟的同时保证各个边缘计算节点接入任务的平衡。具体过程如图 4-8 所示。

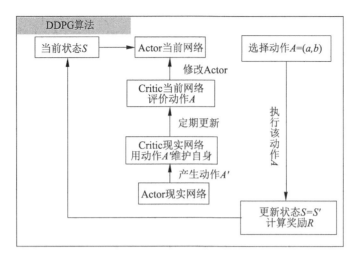

图 4-8　DDPG 算法训练流程

图 4-8 中的参数说明如下：

① Actor 当前网络：负责根据当前状态 S 选择当前动作 A，并生成新状态 S' 与奖励 R，Actor 当前网络接受 Critic 当前网络的指导并自我更新。

② Critic 当前网络：获取 Actor 当前网络产生的动作 A 并评价 Actor 当前网络的优劣，以此帮助 Actor 当前网络自我更新。Critic 当前网络定期从 Critic 现实网络更新。

③ Critic 现实网络：获取 Actor 现实网络产生的动作 A' 计算并自我更新。

④ Actor 现实网络：产生动作 A' 用以帮助 Critic 自我更新。

DDPG 算法训练完成后，保存 Actor 当前网络并将其部署至 SDN 控制器。当有卸载需求时，将可信溯源监管任务、边缘计算节点等信息传输至 SDN 控制器并计算最佳任务卸载时机。

4.2.3　SDN 架构下基于深度学习的可信溯源监管任务卸载时隙决策方法

该小节给出一种软件定义网络架构下基于深度学习的可信溯源监管任务卸载时隙决策方法，以解决任务卸载时造成的延时过高问题。该方法包括如下步骤。

步骤 1：获取任务可接入的边缘计算节点的集合 r、请求在边缘计算节点区域中卸载的任务 Q、边缘计算节点的网络带宽 b。

步骤 2：根据步骤 1 中的边缘计算节点的信息划分可信溯源监管任务的卸载时隙。

步骤 3：将任务卸载时隙决策方法转化为数学问题。

步骤 4：使用深度强化学习方法求解步骤 3 中的数学问题。

步骤 5：将算法部署至 SDN 控制器。

步骤 1 中所述信息的参数说明如下。

① 边缘计算节点区域中的卸载任务为 $q=\{Q_1,\cdots,Q_i,\cdots,Q_n\}$，其中 Q_i 表示第 i 个任务。

② 可信溯源监管任务大小为 $m = \{M_1, \cdots, M_i, \cdots, M_n\}$，其中 M_i 表示 Q_i 的任务大小。

③ $t = \{T_1, \cdots, T_i, \cdots, T_n\}$，其中 T_i 为 Q_i 的时延约束。

④ 可供任务接入的边缘计算节点集合为 $r = \{R_1, \cdots, R_i, \cdots, R_n\}$。

⑤ 各个节点已经接入的任务数目为 $rA = \{R_1A, \cdots, R_iA, \cdots, R_nA\}$。

⑥ 节点的带宽为 $b = \{B_1, \cdots, B_i, \cdots, B_n\}$，其中 B_i 表示 R_i 的网络带宽。

步骤 2 中可信溯源监管任务的卸载时隙划分方式如下。

步骤 2.1：收集边缘计算节点的链路带宽，记为 W；收集边缘计算节点的平均信号功率，记为 P；收集边缘计算节点的噪声功率，记为 N；将节点与任务的链路损耗功率记为 L_P。

步骤 2.2：可信溯源监管任务与边缘计算节点的传输速率 v 可表示为

$$v = W \times \log_2\left(1 + \frac{P \times 10^{-[L_P]/10}}{N}\right) \tag{4-4}$$

式中，$[L_P] = 32.45 + 20\lg d + 20\lg f$，其中 d 为任务与边缘计算节点的距离，f 为边缘计算节点的信号频率。

步骤 2.3：大小为 M 的可信溯源监管任务的传输延迟可表示为

$$D(M, v) = \frac{M}{v} \tag{4-5}$$

步骤 2.4：由于网络延迟受任务与边缘计算节点的相对距离影响，因此将每个边缘计算节点的覆盖范围划分为 n 个任务卸载时隙，其中任意时隙用 g 表示，$g \in \{Gap_1, \cdots, Gap_i, \cdots, Gap_n\}$。为了便于计算和描述，设相同区域内传输速率相同。

步骤 3 中将可信溯源监管任务卸载时隙决策方法转化为数学问题的方法如下。

步骤 3.1：定义卸载策略为 $l = \{L_1, \cdots, L_i, \cdots, L_n\}$，$L_i$ 表示第 i 个任务选择卸载的地点。

步骤 3.2：确定单个任务的卸载决策。任务卸载时隙决策 L_i 即为对卸载时隙 g 的选择，即对 $\forall i$，一定有 $L_i \in \{Gap_1, \cdots, Gap_i, \cdots, Gap_n\}$。

步骤 3.3：由式（4-4）与式（4-5）可知，任务的传输延迟由边缘计算节点的带宽 b、卸载时隙决策 l、任务的大小 m 决定，任务的传输延迟可重写为

$$\begin{cases} D(W, L_P, m) = m \Big/ \left[W \times \log_2\left(1 + \dfrac{P \times 10^{-[L_P]/10}}{N}\right)\right] & (1) \\ W = b & (2) \\ L_P = 32.45 + 20\lg d + 20\lg f & (3) \\ d = l & (4) \end{cases} \tag{4-6}$$

式（4-6）中，（2）表示边缘计算节点的链路带宽 W 由边缘计算节点的带宽 b 代替；（4）表示任务与边缘计算节点的相对距离由决策 l 表示。

步骤 3.4：由式（4-6）再次重写任务的传输延迟为

$$D(b, l, m) = m \Big/ \left[b \times \log_2\left(1 + \frac{P \times 10^{-[L_P]/10}}{N}\right)\right] \tag{4-7}$$

式中，$L_P = 32.45 + 20 \lg l + 20 \lg f$。

步骤 3.5：将任务卸载时隙决策方法转化为求解式(4-8)，$D_i(b, l, M_i)$ 表示第 i 个任务的传输延迟。

$$\begin{cases} \min \sum_{i=1}^{n} z D_i(b, l, M_i) \\ rA \leqslant \max_{rA} \end{cases} \qquad (4\text{-}8)$$

式中，$\max_{rA}$ 表示 rA 的最大值；任务卸载时隙决策会影响 rA 的值，$rA \leqslant \max_{rA}$ 表示 rA 不能超过最大的任务接入数量。

步骤 4 中深度强化学习方法求解式(4-8)的具体步骤如下。

步骤 4.1：建立马尔可夫状态空间，表达式为

$$S = \{t, rV, rD, rA\}$$

其中各个参数说明如下：

① 可信溯源监管任务的时延约束记为 $t = \{T_1, \cdots, T_i, \cdots, T_n\}$，其中 T_i 为任务 Q_i 的时延约束。

② 供可信溯源监管任务接入的边缘计算节点集合定义为

$$r = \{R_1, \cdots, R_i, \cdots, R_n\} \qquad (4\text{-}9)$$

r 中各个边缘计算节点的任意卸载时隙可用 g 表示为

$$g \in \{Gap_1, \cdots, Gap_i, \cdots, Gap_n\} \qquad (4\text{-}10)$$

处于不同的卸载时隙中任务的卸载速率各有不同，那么 r 中的所有卸载时隙的卸载速率集合可表示为

$$rV = \{R_1 G_1 V, \cdots, R_i G_j V, \cdots, R_n G_n V\} \qquad (4\text{-}11)$$

式中，$R_i G_j V$ 表示第 i 个边缘计算节点的第 j 个卸载时隙的传输速率。

③ r 中各个边缘计算节点的各个卸载时隙中任务的传输延迟表示为

$$rD = \{R_1 G_1 D, \cdots, R_i G_j D, \cdots, R_n G_n D\} \qquad (4\text{-}12)$$

式中，$R_i G_j D$ 表示任务在第 i 个边缘计算节点的第 j 个卸载时隙的传输延时。

④ 各个边缘计算节点已经接收的可信溯源监管任务数目为

$$rA = \{R_1 A, \cdots, R_i A, \cdots, R_n A\} \qquad (4\text{-}13)$$

步骤 4.2：建立马尔可夫动作空间，表达式为

$$A = \{(a, b) \mid a \in [1, n] \cap \mathbf{N}_+, b \in [1, n] \cap \mathbf{N}_+\} \qquad (4\text{-}14)$$

其中各个参数说明如下：

① a 表示执行卸载任务时所接入的边缘计算节点。

② b 表示执行卸载任务时所接入的边缘计算节点的卸载时隙。

③ $\mathbf{N}_+$ 表示正整数。

步骤 4.3：建立马尔可夫奖励函数，表达式为

$$reward = \varepsilon(\eta) \times base + [2\varepsilon(\eta) - 1] \times delay(rD, t) + access(rA)$$

其中各个参数说明如下：

① $\varepsilon(\eta)$ 为阶跃函数，表达式为

$$\varepsilon(\eta) = \begin{cases} 0, & \eta < 0 \\ 1, & \eta > 0 \end{cases}$$

$\varepsilon(\eta) = 1$ 时表示任务卸载成功，$\varepsilon(\eta) = 0$ 表示任务卸载失败。$base$ 为常数，表示基础奖励；$\varepsilon(\eta) \times base$ 表示当任务卸载成功时获取了基础奖励，失败时则不会获取基础奖励。

② $delay(rD,t)$ 表示执行卸载任务所获取的奖励或者惩罚，表达式为

$$delay(rD) = reward \times (rD - t) \tag{4-15}$$

式中，rD 表示卸载该任务所用的时间；t 表示该任务的卸载时间约束。在约束时间 t 内完成卸载则获取奖励，否则获取惩罚。$reward$ 为奖励值或者惩罚值。

③ $access(rA)$ 用来判断当前边缘计算节点是否还可以接收更多的任务，表达式为

$$access(rA) = \begin{cases} 0 & , & rA \leqslant \max_{rA} \\ -1 \times \{\varepsilon(\eta) \times base + [2\varepsilon(\eta) - 1] \times delay(rD,t)\}, & rA > \max_{rA} \end{cases} \tag{4-16}$$

$\max_{rA}$ 表示当前边缘计算节点最多可接入的任务数量。当可以接入更多任务，即 $rA \leqslant \max_{rA}$ 时，$access(rA)$ 不会对奖励函数 $reward$ 有任何影响；当 $rA > \max_{rA}$ 时，$access(rA)$ 会使 $reward$ 等于 0，即不会有任何奖励。

步骤 4.4：根据步骤 4.3 中的马尔可夫模型，使用 DDPG-HER 算法求解最优卸载时隙决策。

步骤 4.4.1：建立 Actor 当前网络、Actor 目标网络、Critic 当前网络、Critic 目标网络。这四个网络的说明如下：

① Actor 当前网络的参数为 θ，θ 也指代神经网络，负责更新网络的参数 θ 以及根据当前状态 S 产生当前动作 A。动作 A 作用于当前状态 S，生成状态 S' 和奖励 R，奖励 R 由奖励函数 $reward$ 获得。

② Actor 目标网络的参数为 θ'，θ' 也指代神经网络，负责从经验回放池中选择动作 A' 以及更新 θ'。

③ Critic 当前网络的参数为 ω，ω 也指代神经网络，负责计算当前 Q 值，Q 值用来衡量选择动作的优劣。（注意：这里的 Q 值与之前表示第 i 个任务的 Q_i 不同）

④ Critic 目标网络的参数为 ω'，也指代神经网络，负责计算目标 Q 值，即 Q'。

步骤 4.4.2：训练 Actor 当前网络、Actor 目标网络、Critic 当前网络、Critic 目标网络。具体步骤如下：

① 获得初始化状态 S，Actor 当前网络根据状态 S 生成动作 A。

② 根据状态 S 和动作 A 计算奖励 R，并且获取下一状态 S'。

③ 将 $\{S,A,S'\}$ 存入经验回放池。

④ 将当前状态记为 S'。

⑤ 计算当前 Q 值与目标 Q 值。

⑥ 更新 Critic 当前网络参数 ω。

⑦ 更新 Actor 当前网络参数。

⑧ 若当前状态 S' 是终止状态,则迭代完毕,否则转到步骤②。

步骤 5 中将算法部署至 SDN 控制器的具体方法如下。

DDPG-HER 算法训练完成后,保存 Actor 当前网络并将其部署至 SDN 控制器。当有卸载需求时,由 SDN 控制器根据当前网络和节点的状态信息为可信溯源监管任务确定最佳的卸载时机。

本节介绍的方法针对现有技术的缺陷,将边缘计算节点的覆盖范围划分为若干区间,以精确选择卸载时隙,并同时使用 DDPG-HER 算法计算最优卸载决策,减小由于可信溯源监管任务卸载导致的网络延时。

4.3 可信溯源监管任务的边缘资源调度

可信溯源监管任务对处理时延有着较严格的要求。面对这些任务动态的时延要求,需要研究任务分配和执行的序列,这是一个 NP 难问题(NP-hard problem)。此外,还需要考虑节点的热度,即任务在分配过程中集中在少数节点上导致节点处理能力下降;任务规模的动态性,即在执行过程中由于外界环境的变化导致任务求解规模激增等情形。在此类情形下,资源分配和优化是亟待解决的难题。

4.3.1 边缘计算中资源调度研究

文献[79]提出的 Plug-n-Serve 方案(现在更名为 Aster ∗ x)是基于 OpenFlow 进行 Web 流量负载均衡的应用,它的目标是降低服务请求的响应时间,即通过合理选择网络路径和服务器降低发起请求到收到回复的时间。具体工作原理描述如下:Aster ∗ x 通过 OpenFlow 控制器监视网络和服务器的状态,控制器主要由流量管理模块、网络管理模块和主机管理模块构成。其中,网络管理模块以探测的形式对路径占用率进行实时评估,同时发现异常的拓扑变化;主机管理模块监视系统中每个服务器的运行状态和负载情况;网络管理模块和主机管理模块将收集的网络拥塞信息和服务器负载信息发送给流量管理模块,流量管理模块使用 LOBUS 资源协同分配算法进行请求流量的调度,最小化请求时延。

文献[80]针对为每个到达的服务请求安装转发规则造成控制器处理拥塞的问题,提出了一种流量管理模型。它是通过自适应的调度流实现线性等分带宽(穿过网络截面的最大传输率)的最大化。具体实现步骤如下:首先,在边界交换机(端服务器的出口路由)中对大流量数据流进行探测。若数据流的速率超过特定的阈值,比如 100 Mb/s,则标记为 elephant 流。然后,系统对判断为 elephant 流的带宽需求进行估计,结合后续路径的负载情况,动态地为其计算合理的转发路径。

文献[81]在软件定义数据中心的体系结构下,为虚拟机资源分配设计了一种增强性多目标最差适应资源分配策略。该策略整合了多目标最优适应和最差适应资源分配策略。该策略包含两项工作:第一,通过申请虚拟机的历史请求统计信息为虚拟机分配资源并限制资源碎片的产生;第二,为数据中心中虚拟机的正常运行设计动态资源调度器,该调度器利用改进的 Dijkstra 算法最小化软件定义数据中心的能耗。

为了保障流媒体服务的服务质量和用户体验,文献[82-84]研究了新的虚拟化资源分配方法。文献[82]在软件定义网络的环境下提出用户体验质量(quality of experience, QoE)驱动的资源分配机制来为虚拟网络节点动态分配任务,从而实现最优的端到端音视频用户体验质量。文献[83]在 SDN 控制器上设计和部署了优化引擎,即流量工程管理器模块。该模块可以批处理优化虚拟资源,极大地保障了流媒体端到端传输和播放的质量。针对 SDN 辅助蜂窝网络环境下的流媒体业务,文献[84]建立了动态资源分配优化问题模型,并利用李雅普诺夫(Lyapunov)统计优化方法来求解所构建的资源分配优化模型,最后通过 SDN 控制器来实现无线网络资源的合理分配。

4.3.2　可信溯源监管任务调度的鲁棒优化模型

本节提出一种基于分布式鲁棒的软件定义任务边缘可靠卸载优化方法,以解决可信溯源监管任务卸载时造成的高延时、高能耗及可靠性低等问题。该方法包括如下步骤。

步骤 1:获取任务可接入的边缘计算节点的集合 M、请求在边缘计算节点区域中的卸载的任务大小集合 N、边缘计算节点间距 $\boldsymbol{D}$、卸载任务起点边缘计算节点集合 S 与目标边缘计算节点集合 O、边缘计算节点之间的网络带宽 $\boldsymbol{B}$、任务执行结束的时间窗约束 L^{time}、任务执行中的能耗约束 L^{energy}。

步骤 2:根据步骤 1 中的边缘计算节点的信息计算任务在边缘网络进行任务传输的最优 k 条路径集 $\boldsymbol{R}$。

步骤 3:将任务卸载迁移决策方法转化为数学问题。

步骤 4:利用规划求解步骤 3 中的数学问题。

步骤 5:将算法部署至 SDN 控制器。

步骤 1 中所述信息的参数说明如下。

① 在 SDN 覆盖范围内可信溯源监管任务可介入的边缘计算节点集合为

$$M=\{m_1,\cdots,m_i,\cdots,m_n\} \tag{4-17}$$

② 边缘计算节点区域中的卸载的任务大小集合记为

$$N=\{n_1,\cdots,n_i,\cdots,n_n\},n_i=(\alpha,\beta,\omega) \tag{4-18}$$

式中,α 为任务上传相关信息大小;β 为下载相关信息大小;ω 为任务工作量。

③ 边缘计算节点间距的定义为

$$\boldsymbol{D}=\begin{pmatrix} d_{11} & \cdots & d_{1m} \\ \vdots & & \vdots \\ d_{m1} & \cdots & d_{mm} \end{pmatrix} \tag{4-19}$$

式中,d_{ij} 表示节点 i 与 j 之间的距离。

④ 任务卸载起点边缘计算节点集合记为

$$S = \{s_1, \cdots, s_i, \cdots, s_n\} \tag{4-20}$$

⑤ 目标边缘计算节点集合定义为

$$O = \{o_1, \cdots, o_i, \cdots, o_n\} \tag{4-21}$$

⑥ 边缘计算节点之间的网络带宽记为

$$\boldsymbol{B} = \begin{pmatrix} b_{11} & \cdots & b_{1m} \\ \vdots & & \vdots \\ b_{m1} & \cdots & b_{mm} \end{pmatrix} \tag{4-22}$$

式中,b_{ij} 表示节点 i 与 j 之间的网络带宽。

⑦ 任务执行结束的时间约束记为

$$L^{\text{time}} = \{l_1^{\text{time}}, \cdots, l_i^{\text{time}}, \cdots, l_n^{\text{time}}\} \tag{4-23}$$

任务执行中的能耗约束记为

$$L^{\text{energy}} = \{l_1^{\text{energy}}, \cdots, l_i^{\text{energy}}, \cdots, l_n^{\text{energy}}\} \tag{4-24}$$

通过信道的任务个数限制记为

$$L^{\text{channel}} = \begin{pmatrix} l_{11} & \cdots & a_{1|M|} \\ \vdots & & \vdots \\ a_{|M|1} & \cdots & a_{|M||M|} \end{pmatrix} \tag{4-25}$$

步骤 2 中求得每两个边缘计算节点间的最优 k 条路径如下。

步骤 2.1:收集边缘计算节点的平均信号功率,记为 P;收集边缘计算节点的噪声功率,记为 N;将边缘计算节点与任务的链路损耗功率记为 L_P。

步骤 2.2:进一步地,任务在卸载网络中的传输速率 V 可表示为

$$\begin{cases} V(W, L_P) = W \times \log_2\left(1 + \dfrac{P \times 10^{-\lceil L_P \rceil /10}}{N}\right) \\ W = \boldsymbol{B} \\ L_P = 32.45 + 20 \lg d + 20 \lg f \end{cases} \tag{4-26}$$

式中,L_P 为自由空间的传播损耗;d 为任务与边缘计算节点的距离或边缘计算节点之间的距离;f 为边缘计算节点的信号频率。

步骤 2.3:计算单位大小任务在路径中传输所需要花费的时间计算公式为

$$C^{\text{unit\_time}} = \frac{1}{v} \tag{4-27}$$

步骤 2.4:利用算法求得边缘计算节点之间的最优 k 条路径,算法流程如下:

① 利用 Dijkstra 算法求得任务 i 从源点 s_i 到终点 d_i 的最短路径,将其记为 R_{i1},记 $j = 2$。

② 把位于 $R_{i,j-1}$ 上的每个节点(除去终点 d_i)分别看作偏离点(共有 $|E_{i,j-1}| - 1$),将每

个偏离点记为 $v_{j-1,p}(p=1,2,\cdots,|E_{i,j-1}|-1)$。

③ 求 $v_{j-1,p}$ 到终点 d_i 的次短路径。

④ 拼接 $R_{i,j-1}$ 中从起点到 $v_{j-1,p}$ 的路径与 $v_{j-1,p}$ 到终点 d 的次短路径,并求得该路径的长度,通过该路径能源消耗,将其作为 R_{ij} 的候选路径,放到候选路径集合 S 中,并分别依据一定的权重排序。

⑤ 循环③和④,遍历所有偏离点。

⑥ 判断 S 内是否为空:

若 S 为空,则算法结束;

若 S 不为空,则从 $\boldsymbol{B}$ 中选择长度最小的路径即为求得的 R_{ij},将其从 S 中移除。

⑦ 置 $i=i+1$,判断是否 $i \leqslant k$:

不等式成立,返回②;

不等式不成立,算法结束。

$$⑧\ \boldsymbol{R}=\begin{pmatrix} R_{11} & \cdots & R_{1k} \\ \vdots & & \vdots \\ R_{n1} & \cdots & R_{nk} \end{pmatrix} \tag{4-28}$$

式中,R_{ij} 表示完成任务 i 的第 j 条可选路径。

路径中边的集合,记为 E;路径总长度,记为 $Length$;通过路径能量消耗,记为 $Energy$。在实际运算中,将 $\boldsymbol{R}$ 矩阵拆分为 3 个矩阵并简写为 $\boldsymbol{E}$、$\boldsymbol{Len}$、$\boldsymbol{En}$,即

$$\boldsymbol{R}=(\boldsymbol{E},\boldsymbol{Len},\boldsymbol{En}) \tag{4-29}$$

步骤 3 中将任务卸载迁移决策方法转化为数学问题。

步骤 3.1:可选择的卸载迁移路径集合为

$$\boldsymbol{R}=\{R_1,\cdots,R_i,\cdots,R_n\} \tag{4-30}$$

式中,R_i 表示任务 i 可选择的卸载迁移方案。

步骤 3.2:确定 SDN 覆盖范围内的上传任务的卸载决策。由于所有参数固定,因此起点与终点来回的路线规划选择相同。首先定义:

$$\boldsymbol{X}=(\boldsymbol{x}_1,\cdots,\boldsymbol{x}_i,\cdots,\boldsymbol{x}_n) \tag{4-31}$$

式中,$\boldsymbol{x}_i$ 表示任务 i 选择的任务卸载路径,$\boldsymbol{x}_i$ 为仅包含 0 和 1 的单位向量,且 $|\boldsymbol{x}_i|=1$,$\|\boldsymbol{X}\|=n$,$\boldsymbol{X}\in\mathbf{R}^n\times\mathbf{R}^k$。

$$\begin{aligned} &\min\{\lambda_{\text{time}}\times C_{\text{time}}+\lambda_{\text{energy}}\times C_{\text{energy}}\} \\ &=\min\{\lambda_{\text{time}}\times(C_{\text{time}}^{\text{forward}}+C_{\text{time}}^{\text{back}}+C_{\text{time}}^{\text{wait}}+C_{\text{time}}^{\text{process}})+\lambda_{\text{energy}}\times(C_{\text{energy}}^{\text{forward}}+C_{\text{energy}}^{\text{back}})\} \\ &=\min\left\{\lambda_{\text{time}}\times\left[(\boldsymbol{\alpha}+\boldsymbol{\beta})\times\text{tr}(\boldsymbol{Len}\times\boldsymbol{X})+\frac{1}{\varepsilon_j-\partial_j}+\frac{\omega}{C^{\text{computing}}}\right]+2\times\lambda_{\text{energy}}\times\text{tr}(\boldsymbol{En}\times\boldsymbol{X})\right\} \end{aligned}$$

$$\text{s. t.} \begin{cases} \text{diag}(2 \times \boldsymbol{En}^{\text{forward}} \times \boldsymbol{X}) \leqslant L^{\text{energy}} \\ \text{diag}\left[(\boldsymbol{\alpha}+\boldsymbol{\beta}) \times \boldsymbol{Len}^{\text{forward}} \times \boldsymbol{X} + \dfrac{1}{\varepsilon_{ij}-\partial_{ij}} + \dfrac{\omega}{C^{\text{computing}}}\right] \leqslant L^{\text{time}} \\ \displaystyle\sum_{i=1}^{n}\sum_{j=1}^{k} x_{ij} E_{ij} \leqslant L^{\text{channel}} \\ \boldsymbol{X} \in \mathbf{R}^n \times \mathbf{R}^k \\ x_{ij} \in \{0,1\} \\ |\boldsymbol{x}_i| = 1 \end{cases} \tag{4-32}$$

式中, tr( )为求对应矩阵的迹; diag( )为求由矩阵的主对角线上的元素组成的向量; ε_j 和 ∂_j 分别表示边缘计算节点的任务执行率和到达率。

步骤3.3: 目标是在起点和目标点确定的情况下, 寻求按照一定权重组合的时间成本和能耗成本综合最低。在实际情况下, 任务在信道中传输的速率和在边缘计算节点处理的速率分别会随着实时信噪比和边缘计算节点的计算资源状况产生影响, 同时原来满足约束条件的路径选择可能会由于剩余时间的变动而产生影响。因此, 需要重新规划合理的回程路线。

首先, 将任务在SDN中传输所花费的代价完整地用模型表示出来:

$$\min\{\lambda_{\text{time}} \times \tilde{C}_{\text{time}} + \lambda_{\text{energy}} \times C_{\text{energy}}\}$$

$$= \min\{\lambda_{\text{time}} \times (C_{\text{time}}^{\text{forward}} + C_{\text{time}}^{\text{wait}} + \tilde{C}_{\text{time}}^{\text{process}} + \tilde{C}_{\text{time}}^{\text{back}}) + \lambda_{\text{energy}} \times (C_{\text{energy}}^{\text{forward}} + C_{\text{energy}}^{\text{back}})]$$

$$= \min\{\lambda_{\text{time}} \times [\boldsymbol{\alpha} \times \text{tr}(\boldsymbol{Len}^{\text{forward}} \times \boldsymbol{X}) + \dfrac{1}{\varepsilon_j - \partial_j} + \dfrac{\omega}{\tilde{C}^{\text{computing}}} + \boldsymbol{\beta} \times \text{tr}(\widetilde{\boldsymbol{Len}}^{\text{back}} \times \boldsymbol{Y})] +$$

$$\lambda_{\text{energy}} \times [\text{tr}(\boldsymbol{En}^{\text{forward}} \times \boldsymbol{X}) + \text{tr}(\boldsymbol{En}^{\text{back}} \times \boldsymbol{Y})]\} \tag{4-33}$$

然后, 将两阶段决策写成在不确定条件下的分布鲁棒优化模型:

$$\min\left\{h(x) + \max\{E_P[\vartheta(\boldsymbol{x},\tilde{\boldsymbol{\xi}})] + \lambda CVaR_P[\vartheta(\boldsymbol{x},\tilde{\boldsymbol{\xi}})]\}\right\}$$

式中, $h(x) = \lambda_{\text{time}} \times \boldsymbol{\alpha} \times \text{tr}(\boldsymbol{Len}^{\text{forward}} \times \boldsymbol{X}) + \lambda_{\text{energy}} \times \text{tr}(\boldsymbol{En}^{\text{forward}} \times \boldsymbol{X})$;

$$\vartheta(x,\xi) = \min\left\{\lambda_{\text{time}} \times \left(\dfrac{1}{\varepsilon_j - \partial_j} + \dfrac{\omega}{\tilde{C}^{\text{computing}}} + \boldsymbol{\beta} \times \text{tr}(\widetilde{\boldsymbol{Len}}^{\text{back}} \times \boldsymbol{Y})\right) + \lambda_{\text{energy}} \times [\text{tr}(\boldsymbol{En}^{\text{back}} \times \boldsymbol{Y})]\right\}$$

$$\text{s. t.} \begin{cases} \text{diag}(\boldsymbol{En}^{\text{forward}} \times \boldsymbol{X} + \boldsymbol{En}^{\text{back}} \times \boldsymbol{Y}) \leqslant L^{\text{energy}} \\[2mm] \text{diag}(\boldsymbol{\alpha} \times \boldsymbol{Len}^{\text{forward}} \times \boldsymbol{X} + \dfrac{1}{\varepsilon_{ij} - \partial_{ij}} + \dfrac{\omega}{C^{\text{computing}}} + \boldsymbol{\beta} \times \boldsymbol{En}^{\text{back}} \times \boldsymbol{Y}) \leqslant L^{\text{time}} \\[2mm] \displaystyle\sum_{i=1}^{n} \sum_{j=1}^{k} x_{ij} E_{ij} \leqslant L^{\text{channel}} \\[2mm] \displaystyle\sum_{i=1}^{n} \sum_{j=1}^{k} y_{ij} E_{ij} \leqslant L^{\text{channel}} \\[2mm] |\boldsymbol{x}_i| = |\boldsymbol{y}_i| = 1 \\[2mm] x_{ij}, y_{ij} \in \{0, 1\} \end{cases} \tag{4-34}$$

步骤 3.4：由于存在不确定参数，因此需要使用模糊集去表示它们。

在任务通过选择路径时，由于信噪比或其他因素干扰使得花费时间不确定，此处记为 $\boldsymbol{Len} + \displaystyle\sum_{i=1}^{n} \sum_{j=1}^{k} \tilde{\xi}_{i \times k + j} \times \boldsymbol{A}_{ij}$；同样地，边缘计算节点由于系统占用情况，设备问题也可能出现一定的不确定性，因此记为 $C^{\text{computing}} + \displaystyle\sum_{i=1}^{k} \tilde{\xi}_{n \times k + i} \times \boldsymbol{\zeta}_i$。其中，$\boldsymbol{A}_{ij}$ 为除第 i 行 j 列为 1 外，其他皆为 0 的矩阵；$\boldsymbol{\zeta}_i$ 为第 i 位为 1 的单位向量。

$$\boldsymbol{\xi} = (\boldsymbol{\xi}_1, \cdots, \boldsymbol{\xi}_k, \cdots, \boldsymbol{\xi}_{i \times k + 1}, \cdots, \boldsymbol{\xi}_{n \times k}, \boldsymbol{\xi}_{n \times k + 1}, \cdots, \boldsymbol{\xi}_{(n+1) \times k}) \tag{4-35}$$

$$D(G, \boldsymbol{\mu}_0, \boldsymbol{\Sigma}, \gamma_1, \gamma_2) = \begin{cases} P\{\boldsymbol{\xi} \in G\} = 1 \\[2mm] P : (E_P(\boldsymbol{\xi}) - \boldsymbol{\mu}_0)^{\mathrm{T}} \boldsymbol{\Sigma}^{-1} (E_P[\boldsymbol{\xi}] - \boldsymbol{\mu}_0) \leqslant \gamma_1 \\[2mm] E_P[(\boldsymbol{\xi} - \boldsymbol{\mu}_0)(\boldsymbol{\xi} - \boldsymbol{\mu}_0)^{\mathrm{T}}] \leqslant \gamma_2 \boldsymbol{\Sigma} \end{cases} \tag{4-36}$$

第二条约束假设 $\boldsymbol{\xi}$ 的均值位于大小为 γ_1 的椭球体上，中心矩估计为 $\boldsymbol{\mu}_0$；第三条约束要求协方差矩阵位于由矩阵不等式限定的半正定锥中。换句话说，这个约束描述了根据 $\boldsymbol{\xi}_i$ 表示的相关性，以及 $\boldsymbol{\Sigma}$ 接近 $\boldsymbol{\mu}_0$ 的可能性有多大。

步骤 3.5：整理二阶段规划优化的模型内容，以简单的形式表示，方便后续操作。

4.3.3　可信溯源监管任务调度的鲁棒优化模型求解

该小节是对 4.3.2 节中提出的鲁棒优化模型进行具体的求解。该模型的后续求解操作过程如下：

$$\min\left\{ h(x) + \sup_{P \in \mathbf{R}}\{E_P[\vartheta(\boldsymbol{x}, \boldsymbol{\xi})] + \lambda CVaR_P[\vartheta(\boldsymbol{x}, \boldsymbol{\xi})]\} \right\},$$

式中，$h(x) = \lambda_{time} \times [\boldsymbol{\alpha} \times \text{tr}(\boldsymbol{Len}^{\text{forward}} \times \boldsymbol{X}) + \lambda_{\text{energy}} \times [\boldsymbol{\beta} \times \text{tr}(\boldsymbol{En}^{\text{forward}} \times \boldsymbol{X})$；

$$\vartheta(\boldsymbol{x}, \boldsymbol{\xi}) = \min\left\{ \lambda_{\text{time}} \times \left[\frac{1}{\varepsilon_j - \partial_j} + \frac{\omega}{\tilde{C}^{\text{computing}}} + \boldsymbol{\beta} \times \text{tr}(\widetilde{\boldsymbol{Len}}^{\text{back}} \times \boldsymbol{Y}) \right] + \lambda_{\text{energy}} \times [\text{tr}(\boldsymbol{En}^{\text{back}} \times \boldsymbol{Y})] \right\}$$

$$\text{s. t.} \begin{cases} \operatorname{diag}(\boldsymbol{En}^{\text{forward}} \times \boldsymbol{X} + \boldsymbol{En}^{\text{back}} \times \boldsymbol{Y}) \leqslant L^{\text{energy}} \\[2mm] \operatorname{diag}\left(\boldsymbol{\alpha} \times \boldsymbol{Len}^{\text{forward}} \times \boldsymbol{X} + \dfrac{1}{\varepsilon_{ij} - \partial_{ij}} + \dfrac{\omega}{\tilde{C}^{\text{computing}}} + \boldsymbol{\beta} \times \boldsymbol{En}^{\text{back}} \times \boldsymbol{Y}\right) \leqslant L^{\text{time}} \\[2mm] \displaystyle\sum_{i=1}^{n}\sum_{j=1}^{k} x_{ij} E_{ij} \leqslant L^{\text{channel}} \\[2mm] \displaystyle\sum_{i=1}^{n}\sum_{j=1}^{k} y_{ij} E_{ij} \leqslant L^{\text{channel}} \\[2mm] |\boldsymbol{x}_i| = |\boldsymbol{y}_i| = 1 \\[1mm] x_{ij}, y_{ij} \in \{0,1\} \end{cases}$$

$$D(G, \boldsymbol{\mu}_0, \Sigma, \gamma_1, \gamma_2) = \begin{cases} P\{\boldsymbol{\xi} \in G\} = 1 \\[2mm] P : (E_P[\boldsymbol{\xi}] - \boldsymbol{\mu}_0)^{\text{T}} \Sigma^{-1} (E_P[\boldsymbol{\xi}] - \boldsymbol{\mu}_0) \leqslant \gamma_1 \\[2mm] E_P[(\boldsymbol{\xi} - \boldsymbol{\mu}_0)(\boldsymbol{\xi} - \boldsymbol{\mu}_0)^{\text{T}}] \leqslant \gamma_2 \Sigma \end{cases}$$

最终得

$$\widetilde{\boldsymbol{Len}}^{\text{back}} = \boldsymbol{Len}_0^{\text{back}} + \sum_{i=1}^{n \times k} \boldsymbol{Len}_i \boldsymbol{\xi}_i \qquad \tilde{C}^{\text{computing}} = C_0^{\text{computing}} + \sum_{i=n \times k+1}^{n \times k+n} C_i \boldsymbol{\xi}_i \qquad (4\text{-}37)$$

式中各个参数的说明如下：

① $E(\ )$ 表示求得参数的期望；$\lambda(N \geqslant 0)$ 是一个权衡系数，代表决策者的风险厌恶率。系数 λ 越大，决策者越厌恶风险。

② 条件风险价值（Conditional Value at Risk，CVaR）是一种较 VaR 更优的风险计量技术，其含义为在投资组合的损失超过某个给定 VaR 值的条件下，该投资组合的平均损失值。

其中，

$$CVaR_\varepsilon(\tilde{\boldsymbol{\xi}}) = E\{\tilde{\boldsymbol{\xi}} \mid \tilde{\boldsymbol{\xi}} \geqslant VaR_\varepsilon(\tilde{\boldsymbol{\xi}})\} \qquad (4\text{-}38)$$

即

$$CVaR_\varepsilon(\tilde{\boldsymbol{\xi}}) = \min_{v \in \mathbf{R}} \left\{ v + \frac{1}{1-\varepsilon} E[(\tilde{\boldsymbol{\xi}} - v)_+] \right\} \qquad (4\text{-}39)$$

使用拉格朗日对偶对原问题中的第二阶段模型进行处理：

① 拉格朗日函数（Lagrangian）：

$$\begin{aligned} \pounds(f, \boldsymbol{r}, \boldsymbol{H}, \boldsymbol{Z}, z, \hat{z}) &= \int_{\mathbf{R}^m} u^{\xi}(x)\, \mathrm{d}f(\boldsymbol{\xi}) + \boldsymbol{r}\left[1 - \int_{\mathbf{R}^m} \mathrm{d}f(\boldsymbol{\xi})\right] - \left\langle \boldsymbol{H}, \int_{\mathbf{R}^m} [\boldsymbol{\xi}\boldsymbol{\xi}^{\text{T}} - \boldsymbol{\mu}_0\boldsymbol{\xi}^{\text{T}} - \right. \\ &\quad \left. \boldsymbol{\xi}\boldsymbol{\mu}_0^{\text{T}}]\mathrm{d}f(\boldsymbol{\xi}) + \boldsymbol{\mu}_0\boldsymbol{\mu}_0^{\text{T}} - \gamma_2\Sigma \right\rangle + \langle \boldsymbol{Z}, \Sigma \rangle + 2z^{\text{T}}\left(\int_{\mathbf{R}^m} \boldsymbol{\xi}\,\mathrm{d}f(\boldsymbol{\xi}) - \boldsymbol{\mu}_0\right) + \\ &\quad \hat{z}\gamma_1 \sup_{f(\boldsymbol{\xi}) \in G} \inf_{\substack{\boldsymbol{r} \in \mathbf{R} \\ \boldsymbol{H} \geqslant 0 \\ \left[\begin{smallmatrix} \boldsymbol{Z} & z \\ z^{\text{T}} & \hat{z} \end{smallmatrix}\right] \geqslant 0}} \pounds(f, \boldsymbol{r}, \boldsymbol{H}, \boldsymbol{Z}, z, \hat{z}) \\ &= \sup_{f(\boldsymbol{\xi}) \in G} \inf_{\substack{\boldsymbol{r} \in \mathbf{R} \\ \boldsymbol{H} \geqslant 0 \\ \left[\begin{smallmatrix} \boldsymbol{Z} & z \\ z^{\text{T}} & \hat{z} \end{smallmatrix}\right] \geqslant 0}} \int_{\mathbf{R}^m} [u^{\xi}(x) - \boldsymbol{r} - \boldsymbol{\xi}\boldsymbol{H}\boldsymbol{\xi}^{\text{T}} + 2\boldsymbol{\mu}_0\boldsymbol{\xi}^{\text{T}} + 2z^{\text{T}}\boldsymbol{\xi}]\mathrm{d}f(\boldsymbol{\xi}) + \boldsymbol{r} + \end{aligned}$$

$$\langle \boldsymbol{H}, \boldsymbol{\mu}_0 \boldsymbol{\mu}_0^{\mathrm{T}} - \gamma_2 \boldsymbol{\Sigma} \rangle + \langle \boldsymbol{Z}, \boldsymbol{\Sigma} \rangle + \hat{z} \gamma_1 \tag{4-40}$$

② 拉格朗日对偶（Lagrangian Duality）：

$$(Dual): \inf_{\substack{\boldsymbol{r} \in \mathbf{R} \\ \boldsymbol{H} \geqslant 0}} \sup_{f(\boldsymbol{\xi}) \in G} (f, \boldsymbol{r}, \boldsymbol{H}, \boldsymbol{Z}, z, \hat{z}) = \inf \boldsymbol{r} + \langle \boldsymbol{H}, \boldsymbol{\mu}_0 \boldsymbol{\mu}_0^{\mathrm{T}} - \gamma_2 \boldsymbol{\Sigma} \rangle + \langle \boldsymbol{Z}, \boldsymbol{\Sigma} \rangle + \hat{z} \gamma_1$$

$$\begin{bmatrix} Z & z \\ z^{\mathrm{T}} & \hat{z} \end{bmatrix} \geqslant 0$$

$$\text{s. t.} \begin{cases} u^{\xi}(x) - \boldsymbol{r} - \boldsymbol{\xi} \boldsymbol{H} \boldsymbol{\xi}^{\mathrm{T}} + 2\boldsymbol{\mu}_0 \boldsymbol{\xi}^{\mathrm{T}} + 2z^{\mathrm{T}} \boldsymbol{\xi} \leqslant 0, \boldsymbol{\xi} \in G \\ \boldsymbol{r} \in \mathbf{R} \\ \boldsymbol{H} \geqslant 0 \\ \begin{bmatrix} Z & z \\ z^{\mathrm{T}} & \hat{z} \end{bmatrix} \geqslant 0 \end{cases} \tag{4-41}$$

③ 函数简化：

$$\min \left\{ \boldsymbol{r} + \gamma_2 \langle \boldsymbol{H}, \boldsymbol{\Sigma} \rangle + \boldsymbol{\mu}_0^{\mathrm{T}} \boldsymbol{H} \boldsymbol{\mu}_0 - \boldsymbol{\mu}_0^{\mathrm{T}} [2(z + \boldsymbol{H} \boldsymbol{\mu}_0)] + 2\sqrt{r_1} \left\| \boldsymbol{\Sigma}_0 \frac{1}{2} z \right\|_2 \right\}$$

$$\text{s. t.} \begin{cases} \boldsymbol{M} = \begin{bmatrix} \boldsymbol{H} & -(\boldsymbol{H} \boldsymbol{\mu}_0 + z) \\ -(\boldsymbol{H} \boldsymbol{\mu}_0 + z)^{\mathrm{T}} & \boldsymbol{r} \end{bmatrix} \\ (\boldsymbol{\xi}, 1) \boldsymbol{M} (\boldsymbol{\xi}, 1)^{\mathrm{T}} \geqslant 0, \boldsymbol{\xi} \in G \\ \boldsymbol{r} \in \mathbf{R} \\ \boldsymbol{H} \geqslant 0 \\ \begin{bmatrix} Z & z \\ z^{\mathrm{T}} & \hat{z} \end{bmatrix} \geqslant 0 \end{cases} \tag{4-42}$$

进一步，上节提出的可信溯源监管任务调度的鲁棒优化模型中步骤 4 的具体步骤如下。

步骤 4.1：求解一阶段决策优化问题。一阶段问题是一个较为简单的 0—1 整数规划问题，可以通过隐枚举法求解，也是一种特殊的分支定界法。

① 将一阶段规划模型转化为线性规划的标准形式。

② 分支定界：标准形式下的规划问题优先考虑 $x_{ij} = 0$ 的情况，随机选择一个可能较优且符合约束条件的变量值情况，求出目标函数值。

根据以下原则确定是否进行分支操作：

a. 当前分支的子问题为可行解时，停止分支，保留当前可行解求得的目标函数值最小的分支，删去边界值较大的分支。

b. 无论是否为可行解，只要当前分支的边界值大于已求得的可行解的目标函数值，则停止分支。

c. 当部分固定变量，只要有一个约束条件不满足则直接停止分支。

d. 分支操作：确定自由变量中的一个为固定变量，分支有两个选择，将固定变量置 1 或置 0。

e. 当所有其余分支都删去时,保留下来的可行解则为本模型最优解。

步骤 4.2:根据已求得的一阶段决策,代入二阶段模型中,进行二阶段规划问题的求解。二阶段问题是基于 CVaR 约束的分布鲁棒的任务卸载迁移规划模型。

在步骤 3 中实际上已经将原来的复杂且难以求解的 DRO 问题转换为半定规划(Semi-Definite Programming,SDP)问题,可求解。

进一步,步骤 5 将算法部署至 SDN 控制器,具体操作如下:SDN 数据层将当前数据上传至 SDN 控制层。当确定卸载均衡决策后,根据边缘计算节点的当前状况,以及节点之间的信道状况,通过上述建立的模型求解,得到最优解后将分配信息传输到应用层,任务依照给出的路线规划进行任务卸载和结果回传。

本节所提出的方法针对现有技术的缺陷,规划可信溯源监管任务在边缘计算网络中的卸载路线,补上边缘计算网络在任务传输方面的缺漏。同时,使用分布式鲁棒优化,可预估在任务传输和执行过程中边缘计算环境的变换,从而做出最优决策。

4.4　可信溯源监管任务的迁移技术

可信溯源监管任务节点在卸载任务后,大概率会移动到另一个边缘计算服务区域。因此,有必要研究可信溯源监管任务的可靠迁移方法。该研究内容拟根据"Follow-Me-Cloud"的理念,对节点进行行为预测研究,并根据节点的移动预测模型设计相应的任务迁移策略。研究可信溯源监管任务在软件定义边缘计算系统迁移过程中所引发的若干边缘计算系统负载过大,影响其他任务稳定运行的情形。

4.4.1　边缘计算中任务迁移研究

(1)以降低边缘计算成本并满足用户需求为目标的资源调度与迁移研究

文献[85]对云无线接入环境下的 MEC 能耗问题进行了研究。该研究对解决问题的描述如下:由于计算任务长度是可变的,因此系统分配的带宽和计算资源常与计算任务所需求的资源量大小不匹配。当资源分配不足时,服务质量下降;当资源分配过多时,资源浪费、能耗成本上升。鉴于此,该文献作者应用控制理论中的 Lyapunov 定理提出了 VariedLen 算法有效处理不可预测的计算任务请求。实验证明,该算法可以显著降低 MEC 能耗问题。

文献[86]采用经济学模型研究了 MEC 的动态资源调度问题。它的实现原理是 Cloudlets 和控制器之间利用 Stackelberg 博弈模型对虚拟化资源进行买卖,资源短缺的 Cloudlets 在控制器的仲裁下可以购买闲置 Cloudlets 的资源,从而提高虚拟化资源的利用率。

文献[87]首先将数据认知引擎和资源认知引擎相结合,提出边缘认知计算(edge cognitive computing,ECC),然后在 ECC 背景下对动态服务迁移机制展开了研究,最后在搭建的物理平台上实现了基于移动用户行为感知的服务迁移机制。实验结果表明,ECC 框架可以以低时延提供较好的用户体验。

(2) 以提高系统资源利用率为目标的资源调度与迁移研究

文献[88]研究了边缘计算中在线环境下应用调度与功能配置结合考虑的复杂问题,并提出了高效且易于在实践中部署的在线算法 OnDoc。当一个应用程序的请求在线到达后,OnDoc 将决策该应用请求中各个有依赖关系的子任务在何处何时执行、各个服务器上功能的按需配置,以尽可能满足各请求指定的最后完成时间。模拟实验表明,OnDoc 算法在各种实验设置下始终优于其他最新基准。但文献[88]并未考虑任务调度过程中会产生网络拥塞的问题。

文献[89-91]研究了协同边缘计算中数据流量感知任务分配问题。在不考虑网络拥塞的前提下,初始化资源调度方案,进而获取网络拥塞信息,然后通过调整任务卸载的时隙来尽可能避免网络拥塞发生。上述文献还采用数理统计方法生成数据访问的近似概率分布,基于此概率分布决定路边边缘基础设施应缓存的副本数据。然而,上述技术方案对 MEC 服务的移动性考虑较少。MEC 服务的移动性是由 MEC 环境下用户的移动导致的。移动用户在向 MEC 系统发起请求后,会移动到其他位置。若不考虑 MEC 服务的移动性,则会导致请求响应失败或造成任务完成时间大幅增长的现象。

文献[92-93]在 5G 和云计算环境下提出"Follow-Me-Cloud"的概念,将服务与用户位置相映射,使服务随用户移动。但在 5G 和云计算环境中,80% 的移动用户处于静止状态,其余 20% 的移动节点处于慢速移动状态。这样的理论模型并不适用于高速移动车辆所携带的车载任务边缘实时处理的环境,因此,有必要进一步深入研究车载任务的边缘调度与迁移理论和方法。

4.4.2　可信溯源监管任务迁移模型建立

本节的目标是使用负载均衡降低高负荷服务器的负载,以此满足可信溯源监管任务的延迟需求,同时提高低负荷服务器的负载,使得 MEC 服务器的资源能被充分利用。在 t 时刻,负载均衡的代价包括计算延迟代价和网络延迟代价。每台 MEC 服务器都有总延迟的阈值,该阈值规定了总延迟的目标值,e_i 的总延迟阈值记为 $D_i^s[u_{\cdot i}(t)]$,$i \in \mathbf{N}$。每台 MEC 服务器负载均衡的目标值是人为设定的,其中 e_i 的目标 CPU 负载、目标内存占用和目标磁盘占用分别记为 C_i^g、R_i^g 和 D_i^g,$i \in \mathbf{N}$。

大多数负载均衡算法往往是时间的函数或者根据某一固定情况制定负载均衡策略,这种策略在自动控制理论中被称为开环控制。图 4-9 是 MEC 负载均衡的开环控制和闭环控制的简单对比(实际情况会更加复杂),其中的 t 指 t 时刻,T 为规定的负载均衡策略执行时间。无论负载均衡效果如何,负载均衡策略的执行时间到达 T 后均会被终止。图 4-9a 为 MEC 负载均衡的开环控制,其流程如下:首先收集到 MEC 的负载等信息,然后根据该信息制定负载均衡策略并执行。在受到外界干扰后,负载均衡策略不会改变,策略依旧被执行。这决定了在执行负载均衡策略期间不允许出现较大的干扰,但是实际问题中不可能完全排除较大的干扰。图 4-9b 为 MEC 负载均衡的闭环控制,其流程如下:首先收集 t 时刻 MEC 负载状态,然后根据 t 时刻负载状态制定负载均衡策略,MEC 服务器接收并执行该负载均衡策略。在受到外界干扰后,该策略可根据 MEC 负载状态变更。因此,在闭环控制中,负载均衡策略被描述为时间和各个 MEC 状态的函数。

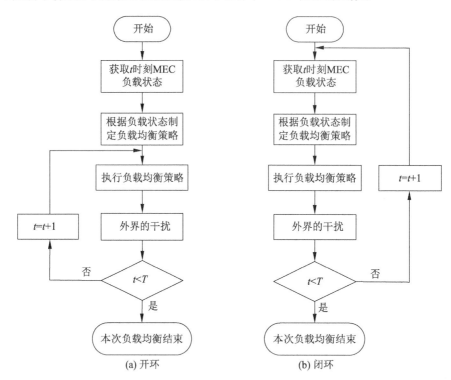

图 4-9　MEC 负载均衡的开环控制与闭环控制

本节将该问题描述为最优控制问题。最优控制问题是指给定限制条件,寻找控制规律使系统性能在一定意义上达到最优。这里的"系统"由一些关联又相互制约的环节或者元件组成,包括 SDN 控制器、交换机、MEC 服务器、边缘计算节点、可信溯源监管任务,以及这些设备的连接结构。系统过去、现在和未来的状况使用状态来描述。状态变量是能够完全表征系统状态的一组变量。若一个系统有若干个彼此独立的状态变量,则用它们的分量所构成的向量称为状态向量。

本章将 MEC 负载均衡问题描述为最优控制问题:

$$\min J = \frac{1}{2}\boldsymbol{x}^{\mathrm{T}}(T)\boldsymbol{S}\boldsymbol{x}(T) + \frac{1}{2}\int_{t_0}^{T}\left[\boldsymbol{x}^{\mathrm{T}}(t)\boldsymbol{Q}(t)\boldsymbol{x}(t) + \boldsymbol{u}^{\mathrm{T}}(t)\boldsymbol{R}(t)\boldsymbol{u}(t)\right]\mathrm{d}t$$

$$\text{s. t. } D_i^c(u_{\cdot i}(t)) \leqslant D_i^{c,\max}, i \in \mathbf{N}$$

$$D_i^n(u_{\cdot i}(t)) \leqslant D_i^{n,\max}, i \in \mathbf{N} \tag{4-43}$$

在现代控制理论中,选择最佳的负载均衡策略可以被称为最优控制问题的求解,即求解式(4-43),式(4-43)的解为函数。

在实际含义方面,式(4-43)表示对负载均衡全部过程的约束,负载均衡开始时刻为 t_0,结束时刻为 T;式(4-43)中,$x^T(T)Sx(T)$ 表示对负载均衡终点时刻(T 时刻)MEC 服务器各项负载以及延迟的值等,式(4-43)要求该值在负载均衡结束时越小越好;积分项表示对负载均衡过程的约束,其中 $x^T(t)Qx(t)$ 表示在负载均衡的过程中对 MEC 服务器各项负载以及延迟的值等,式(4-43)要求该值在负载均衡过程中越小越好;$u^T(t)R(t)u(t)$ 表示在负载均衡的过程中对迁移的任务数量的约束,由于任务迁移会造成额外的延迟,因此式(4-43)中要求尽量减少负载均衡过程中迁移任务的数量。

在现代控制理论方面,式(4-43)为泛函,其值依赖于 $u(t)$。其中,$x(t)$ 为状态向量,它表示系统的各个状态,如 t 时刻 MEC 服务器各项负载以及延迟的值等;t_0 和 T 分别表示负载均衡的初始时间和结束时间;$x(T)$ 为目标状态,如 T 时刻 MEC 服务器各项负载以及延迟的值等;S 为半正定对称常数加权矩阵,表示对目标状态的要求,即对 MEC 各项负载以及延迟等值的要求的严格程度,S 越大则要求越严格,$S=\sigma I$,其中 σ 为系数,I 为单位矩阵;$Q(t)$ 为半正定对称时变加权矩阵,它表示对过程的要求,即在负载均衡的过程中对 MEC 负载以及延迟等值的要求,$Q(t)$ 越大表明要求越严格;$u(t)$ 为控制函数,可以控制 MEC 的各项负载,本章中指负载均衡的决策;$R(t)$ 为正定对称时变加权矩阵并且逆存在,反映了对控制的要求,$R(t)$ 增大的实际意义为同级任务的迁移量减少。

4.4.3　可信溯源监管任务迁移模型求解

从最优控制问题的提法可以看出,这实际上是一个求泛函极值问题,其解为函数。变分法是求解泛函极值的重要方法。首先根据现代控制理论建立状态向量,本节中具体的状态是指各个 MEC 服务器、边缘计算节点、可信溯源监管任务等所组成的系统的过去、现在和将来的状况,具体的系统的状态变量是指能够描述各个 MEC 负载情况、可信溯源监管任务数量和延迟要求最小的一组变量,由一组状态变量组成状态向量。根据各个 MEC 负载建立状态向量 $x(t)$:

$$x(t) = (x_1^c(t), x_1^r(t), x_1^d(t), x_1^D(t), \cdots, x_N^c(t), x_N^r(t), x_N^d(t), x_N^D(t)) \quad (4\text{-}44)$$

式中,$x(t)$ 的维度为 $4 \times N$;$x_i^c(t)$ 是 e_i 的 CPU 负载,单位为每秒占用的 CPU 核心数;$x_i^r(t)$ 是 e_i 的内存占用,单位为比特;$x_i^d(t)$ 是 e_i 的磁盘占用,单位为比特;$x_i^D(t)$ 为造成的延迟。为了方便计算,令

$$x_i^D(t) = 2[u_{\cdot,i}(t) + \beta_i(t)] - (f_i/m_i^t + 1/\tau) \quad (4\text{-}45)$$

将 MEC 服务器总延迟的阈值和负载均衡的目标值与状态向量 $x(t)$ 合并,考虑到同级任务的影响,将 $x(t)$ 重新写为

$$x(t) = \begin{bmatrix} x_1^c(t) - C_1^g \\ x_1^r(t) - R_1^g \\ x_1^d(t) - D_1^g \\ x_1^D(t) + 1/D_1^s[u_{.1}(t)] \\ \vdots \\ x_N^c(t) - C_N^g \\ x_N^r(t) - R_N^g \\ x_N^d(t) - D_N^g \\ x_N^D(t) + 1/D_N^s[u_{.N}(t)] \end{bmatrix} + \boldsymbol{\alpha}(t)\boldsymbol{u}(t) \tag{4-46}$$

式中,$\boldsymbol{u}(t)$在现代控制理论中称为控制向量,在本节中为负载均衡的决策;$\boldsymbol{\alpha}(t)\boldsymbol{u}(t)$表示负载均衡决策对各个 MEC 服务器 CPU 负载、内存占用、磁盘占用的影响,因为负载均衡决策对各个 MEC 服务器各项负载的影响是已知的,所以$\boldsymbol{\alpha}(t)$为已知项。

系统的状态方程为

$$\dot{\boldsymbol{x}}(t) = \boldsymbol{A}(t)\boldsymbol{x}(t) + \boldsymbol{B}(t)\boldsymbol{u}(t) \tag{4-47}$$

式中,$\dot{\boldsymbol{x}}(t) = \dfrac{\mathrm{d}x}{\mathrm{d}t}$;$\boldsymbol{x}(t)$为 n 维状态向量;$\boldsymbol{u}(t)$为 r 维控制向量;$\boldsymbol{A}(t)$和$\boldsymbol{B}(t)$分别为 $n\times n$ 和 $n\times r$ 矩阵。

式(4-43)的求解过程如下:

运用最小值原理,构造哈密顿函数:

$$H = \frac{1}{2}\boldsymbol{x}^{\mathrm{T}}\boldsymbol{Q}(t)\boldsymbol{x} + \frac{1}{2}\boldsymbol{u}^{\mathrm{T}}\boldsymbol{R}(t)\boldsymbol{u} + \boldsymbol{\lambda}^{\mathrm{T}}\boldsymbol{A}(t)\boldsymbol{x} + \boldsymbol{\lambda}^{\mathrm{T}}\boldsymbol{B}(t)\boldsymbol{u} \tag{4-48}$$

式中,乘子$\boldsymbol{\lambda}(t)$称为伴随变量,$\boldsymbol{\lambda}(t) = [\lambda_1(t), \cdots, \lambda_{4\times N}(t)]^{\mathrm{T}}$。得到伴随方程式(4-49)及边界条件式(4-50):

$$\dot{\boldsymbol{\lambda}}(t) = -\frac{\partial H}{\partial \boldsymbol{x}} = -\boldsymbol{A}^{\mathrm{T}}(t)\boldsymbol{\lambda} - \boldsymbol{Q}(t)\boldsymbol{x}(t) \tag{4-49}$$

$$\boldsymbol{\lambda}(t) = \boldsymbol{S}\boldsymbol{x}(T) \tag{4-50}$$

其中,满足$\dot{\boldsymbol{\lambda}}(t)$的方程式称为伴随方程,边界条件是可动边界的变分问题在端点上满足的条件。由于已经限制了负载均衡决策造成的延迟以及各个 MEC 服务器的负载目标,因此负载均衡决策$\boldsymbol{u}(t)$可以看作不受限,那么最优控制应满足:

$$\frac{\partial H}{\partial \boldsymbol{u}} = \boldsymbol{R}^{\mathrm{T}}(t)\boldsymbol{u}(t) + \boldsymbol{B}^{\mathrm{T}}\boldsymbol{\lambda}(t) = 0 \tag{4-51}$$

又因为$\boldsymbol{R}(t)$正定且其逆存在,于是有

$$\boldsymbol{u}^*(t) = -\boldsymbol{R}^{-1}(t)\boldsymbol{B}^{\mathrm{T}}\boldsymbol{\lambda}(t) \tag{4-52}$$

其中, $\boldsymbol{u}^*(t)$ 为最佳负载均衡决策, 又因为 $\dfrac{\partial^2 H}{\partial \boldsymbol{u}^2} = \boldsymbol{R}(t) > 0$, 所以式(4-53)中的 $\boldsymbol{u}^*(t)$ 可使 H 具有极小值。将 $\boldsymbol{u}^*(t)$ 代入正则方程, 得

$$\dot{\boldsymbol{x}}(t) = \boldsymbol{A}(t)\boldsymbol{x}(t) - \boldsymbol{B}(t)\boldsymbol{R}^{-1}(t)\boldsymbol{B}^{\mathrm{T}}\boldsymbol{\lambda}(t) , \boldsymbol{x}(t_0) = \boldsymbol{x}_0 \tag{4-53}$$

$$\dot{\boldsymbol{\lambda}}(t) = -\boldsymbol{A}^{\mathrm{T}}(t)\boldsymbol{\lambda}(t) - \boldsymbol{Q}(t)\boldsymbol{x}(t) , \boldsymbol{\lambda}(T) = \boldsymbol{S}\boldsymbol{x}(T) \tag{4-54}$$

式(4-53)和式(4-54)是关于 $\boldsymbol{x}(t)$ 和 $\boldsymbol{\lambda}(t)$ 的齐次线性方程, 并且 $\boldsymbol{x}(t)$ 和 $\boldsymbol{\lambda}(t)$ 在终点时刻呈线性关系, 可以假设它们在任何时刻均具有线性关系, 即

$$\boldsymbol{\lambda}(t) = \boldsymbol{P}(t)\boldsymbol{x}(t) \tag{4-55}$$

式中, $\boldsymbol{P}(t)$ 为矢量矩阵。将式(4-55)对 t 求导, 得

$$\dot{\boldsymbol{\lambda}}(t) = \left[\dot{\boldsymbol{P}}(t) + \boldsymbol{P}(t)\boldsymbol{A}(t) - \boldsymbol{P}(t)\boldsymbol{B}(t)\boldsymbol{R}^{-1}(t)\boldsymbol{B}^{\mathrm{T}}(t)\boldsymbol{P}(t) \right]\boldsymbol{x}(t) \tag{4-56}$$

由式(4-54)得

$$\dot{\boldsymbol{\lambda}}(t) = \left[-\boldsymbol{Q}(t) - \boldsymbol{A}^{\mathrm{T}}(t)\boldsymbol{P}(t) \right]\boldsymbol{x}(t) \tag{4-57}$$

根据式(4-56)和式(4-57)有

$$\left[-\boldsymbol{Q}(t) - \boldsymbol{A}^{\mathrm{T}}(t)\boldsymbol{P}(t) \right]\boldsymbol{x}(t) = \left[\dot{\boldsymbol{P}}(t) + \boldsymbol{P}(t)\boldsymbol{A}(t) - \boldsymbol{P}(t)\boldsymbol{B}(t)\boldsymbol{R}^{-1}(t)\boldsymbol{B}^{\mathrm{T}}(t)\boldsymbol{P}(t) \right]\boldsymbol{x}(t) \tag{4-58}$$

因为式(4-44)对 $\boldsymbol{x}(t)$ 的任何值均成立, 所以可得

$$\dot{\boldsymbol{P}}(t) + \boldsymbol{P}(t)\boldsymbol{A}(t) + \boldsymbol{A}^{\mathrm{T}}(t)\boldsymbol{P}(t) - \boldsymbol{P}(t)\boldsymbol{B}(t)\boldsymbol{R}^{-1}(t)\boldsymbol{B}^{\mathrm{T}}(t)\boldsymbol{P}(t) + \boldsymbol{Q}(t) = \boldsymbol{0} \tag{4-59}$$

式(4-59)是关于矩阵 $\boldsymbol{P}(t)$ 的一阶线性微分方程, 也称为里卡蒂微分方程, 将式(4-55)与式(4-50)比较可求其边界条件, 得

$$\boldsymbol{P}(T) = \boldsymbol{S} \tag{4-60}$$

根据式(4-46)可知, 当 $\boldsymbol{S} \to \boldsymbol{0}$ 时, 即 $\boldsymbol{S}(T)$ 趋近于 0, 有 $\boldsymbol{x}(T) \to 0$, 即 $\boldsymbol{x}(T)$ 可满足边界。由于 $\boldsymbol{S}$ 增大时, $\boldsymbol{x}(T)$ 会减小, 那么当 $\boldsymbol{S} \to \infty$ 时有 $\boldsymbol{x}(T) = 0$, 满足边界条件。根据式(4-60), 有 $\boldsymbol{P}(T) = \boldsymbol{S}, \boldsymbol{S} \to \infty$。为了方便求解, 这里将里卡蒂微分方程改为逆里卡蒂微分方程:

$$\boldsymbol{P}(t)\boldsymbol{P}^{-1}(t) = \boldsymbol{I} \tag{4-61}$$

将式(4-61)等号两端同时对 t 求导, 得

$$\dot{\boldsymbol{P}}(t)\boldsymbol{P}^{-1}(t) + \boldsymbol{P}(t)\dot{\boldsymbol{P}}^{-1}(t) = \boldsymbol{0} \tag{4-62}$$

将式(4-59)等号两端同时乘以 $\boldsymbol{P}^{-1}(t)$, 得

$$\boldsymbol{P}^{-1}(t)\dot{\boldsymbol{P}}(t)\boldsymbol{P}^{-1}(t) + \boldsymbol{A}(t)\boldsymbol{P}^{-1}(t) + \boldsymbol{P}^{-1}(t)\boldsymbol{A}^{\mathrm{T}}(t) - \boldsymbol{B}(t)\boldsymbol{R}^{-1}(t)\boldsymbol{B}^{\mathrm{T}}(t) + \boldsymbol{P}^{-1}(t)\boldsymbol{Q}(t)\boldsymbol{P}^{-1}(t) = \boldsymbol{0} \tag{4-63}$$

结合式(4-62)得

$$\dot{\boldsymbol{P}}^{-1}(t) - \boldsymbol{A}(t)\boldsymbol{P}^{-1}(t) - \boldsymbol{P}^{-1}(t)\boldsymbol{A}^{\mathrm{T}}(t) + \boldsymbol{B}(t)\boldsymbol{R}^{-1}(t)\boldsymbol{B}^{\mathrm{T}}(t) - \boldsymbol{P}^{-1}(t)\boldsymbol{Q}(t)\boldsymbol{P}^{-1}(t) = \boldsymbol{0} \tag{4-64}$$

式(4-64)称为逆里卡蒂方程,由此可解出 $\boldsymbol{P}^{-1}(t)$,再求其逆可得 $\boldsymbol{P}(t)$。此时最优控制即负载均衡的决策可表示为

$$u^{*}(\boldsymbol{x},t)=-\boldsymbol{R}^{-1}(t)\boldsymbol{B}^{\mathrm{T}}(t)\boldsymbol{P}(t)\boldsymbol{x} \tag{4-65}$$

式中, $\boldsymbol{R}^{-1}(t)$ 为人为设定; $\boldsymbol{B}^{\mathrm{T}}(t)$ 为已知项; $u^{*}(\boldsymbol{x},t)$ 为 MEC 负载状态 $\boldsymbol{x}$ 以及时间 t 的函数,符合闭环控制的要求。

综上,式(4-65)即为式(4-43)的解。

第5章 基于区块链的农产品数据链上操作方法

5.1 区块链基础知识

5.1.1 区块链的起源、意义和发展

（1）起源与意义

随着比特币（bitcoin）的流行，区块链技术得到了广泛关注。比特币项目在诞生和发展过程中，借鉴了数字货币、密码学、博弈论、分布式系统、社会经济学、法律学等多个领域的技术成果和专业知识，可谓博采众家之长于一身。

区块链技术的核心优势是去中心化，能够通过运用数据加密、时间戳、分布式共识和经济激励等手段，在节点无须互相信任的分布式系统中实现基于去中心化信用的点对点交易、协调与协作，从而为解决中心化机构普遍存在的高成本、低效率和数据存储不安全等问题提供解决方案。

近年来，随着比特币和以太坊的快速发展，区块链技术的研究与应用也呈现出爆发式增长态势，被认为是继大型机、个人电脑、互联网、移动/社交网络之后计算范式的第五次颠覆式创新，是人类信用进化史上继血亲信用、贵金属信用、央行纸币信用之后的第四个里程碑。区块链技术是下一代云计算的雏形，有望像互联网一样彻底重塑人类社会活动形态，并实现从目前的信息互联网向价值互联网的转变。

（2）发展

区块链技术在经历了技术起源阶段后，正式步入了旨在实现功能的发展时期，这一时期又被分为三个阶段，也就是梅兰妮·斯万（Melanie Swan）所划分的区块链 1.0，2.0，3.0 阶段（见图 5-1）。随着阶段的递升，区块链技术的应用范围越来越广，成为划分三阶段的主要依据，也是三个层面的主要差别所在（见表 5-1）。

2008 年比特币的概念问世，区块链进入 1.0 阶段。该阶段是前期积累阶段，人们对区块链的应用及研究刚刚起步，主要研究与数字化支付相关的数字货币应用，应用场景单一，主要应用于支付、流通等货币职能。这一层层的应用首先影响了金融市场，金融业兴起了对新型商业模式的探索热潮。

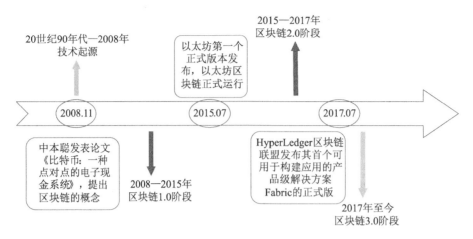

图 5-1　区块链技术发展的四个阶段

区块链 2.0 阶段,以太坊上线,智能合约是这一时期的核心关键技术和重要特征。以太坊是区块链 2.0 的典型代表,本质是数字代币平台,具有很强的通用性,还是广受欢迎的区块链开发平台,有利于编辑比较完整的智能合约,也有建立交易信用证明等功能。因此,在这个开发平台上,区块链技术的研发人员可以更便利地做个人想要做的应用开发。

区块链 3.0 阶段,区块链技术由最初的虚拟货币市场转向了更为广阔的产业应用,商业应用的规模也得到了很大扩展,对社会治理领域中的诸多行业产生了深远影响。可编程社会是这一时期的主要特征。

表 5-1　区块链技术发展的四个阶段

发展历程	所处阶段	应用和发展趋势	定义	代表应用	发展状况
起源时期	起源阶段	功能创新时期			对各种信息技术进行创新型组合
创建时期	区块链1.0阶段	数字货币时代	可编程货币	比特币	重点关注数字货币,缺少应用性功能
扩张和发展期	区块链2.0阶段	智能合约时代	可编程金融	以太坊	技术应用得到了极大的突破和发展
创新和应用转化期	区块链3.0阶段	各领域应用协同发展	可编程社会	EOS	更加具有实用性,应用于各个领域

5.1.2　区块链的基本特点和分类

区块链是一个不断增长的被称为区块的记录列表,这些记录列表通过密码学相互连接。每个区块包含前一个区块的加密序列、时间戳和交换信息。利用区块链可以在共享系统中安全地存储信息,每个人都可以看到,但不能做任何更改。区块链将跟踪所有被称为分类账的信息交易,并使用分布式系统来验证每一个交易。

（1）区块链的特点

区块链具有去中心化、不可篡改、公开透明、可追溯和集体维护等特点。

1）去中心化

区块链是高度自治的网络,能够实现点对点的交易与协作。区块链中的节点地位是对等的,所以任一节点出现问题都不会对全局造成影响。区块链网络中的数据信息不会受到任一节点的控制,所以区块链网络的数据有着很高的安全性。

2）不可篡改

区块链的结构是链式结构,由区块首尾相连组成。区块具有一定的存储容量,并且在填充数据时链接到前一个区块上,形成区块链。而区块链接到区块链上后会经过节点的验证,因此区块之间的链接也相当于附带了节点的工作成本,成为不可逆转的数据链。修改任一区块上的数据需要变更之后的所有记录,修改单一节点上的数据几乎不可能。

3）公开透明与可追溯

区块链中的所有交易都可以通过个人节点或使用区块链浏览器来透明地查看,任何人都可以看到实时发生的交易。每个节点都有自己的链副本,随着新块的确认和添加而更新。

4）集体维护

区块链中各节点的地位相等,每个节点都能够参与数据存储、数据管理与数据分析。每个节点都能参与对区块链的维护,不需要第三方机构监管与维护,节点之间能够实现共同协作。

（2）区块链的分类

区块链技术起源于比特币,是对原有信息技术整合应用产生的结果。由于区块链自身存在不同的构建机制,因此又被分为公有链、联盟链和私有链,主要区别在于访问和管理权限不同(见表5-2)。

表 5-2　三种区块链的区别

类别	内部结构	开放对象	主要特点	代表案例
公有链	完全去中心化	所有人	开放性最强、公开透明、可信度高、安全性好	比特币区块链
联盟链	部分去中心化	被授权的实体	权限受限、内部监管严、可信度高、交易速度快	R3 联盟
私有链	完全中心化	特定组织内部	无须处理访问权限问题、隐私性最好、交易速度最快、交易成本低	蚂蚁链

① 公有链:公有链是完全去中心化的结构,是一种无须许可的分布式账本技术,任何人都可以加入并进行交易。它是一个非限制性网络,所有节点都能自由进出网络,每个节点都有一个区块链账本的副本,并参与链上数据的读写、验证和共识过程。这也意味着任何人只要有互联网连接就可以访问公有区块链。因此,公有链的应用最为普遍。

② 联盟链:联盟链是部分去中心化的结构,预选节点授权后各个节点才能进出网络,共识过程受预选节点控制。在联盟区块链中,组织的某些方面是公开的,而其他方面则保持私密。由于联盟链中的共识程序由预设节点控制,即使它不对大众开放,仍然具有去中心化的性质,即一个联盟区块链由多个组织共同管理。

③ 私有链:私有链是完全中心化的结构,被定义为在限制性环境(即封闭网络)中工作的区块链。它是受实体控制的许可区块链,中心组织管控读写权限。私有链对于希望将其用于内部的私有公司或组织来说非常有用,常见的应用场景是企业等组织机构的内部。

5.1.3 区块链采用的关键技术与概念

区块链是在对等网络环境下,通过透明和可信规则,构造不可篡改、不可伪造、数据正向记录、逆向溯源的链式存储结构,以密码学的技术保证以及实现链上数据的真实可信,通过分布式网络保证数据的安全备份。

(1) 共识机制

区块链中的交易需要成员达成共识才能将其状态从一种更改为另一种。该“共识”是一种验证,是成员同意完成交易的机制,节点之间达成的共识块被添加到区块链上,如果未达成共识,则该交易作为孤立块被抛弃,不被添加到区块链上。这个过程不仅消解了中央权威,而且将交易的信任部分转移到了其成员身上。区块链中遵循的共识协议取决于区块链应用程序架构。目前,公有链常用工作量证明机制(PoW)、权益证明机制(PoS)和委托权益证明机制(DPoS);联盟链常用实用拜占庭容错算法(PBFT)共识机制;私有链常用 Raft 共识机制。

(2) 密码学

密码学是区块链的重要组成部分。区块链中信息的安全性、完整性和可溯源性就是依赖密码学和安全技术的研究成果。简单而言,密码学是关于加密和解密的科学,即将纯文本转换为密文(加密)和将密文转换为纯文本(解密)。

(3) 分布式存储

区块链中的区块可以存储数据信息。区块链中的节点能够验证交易信息,并将通过验证的交易写入区块中。区块链中的节点之间能够进行数据交互,复制最新的区块链账本,所以区块链的本质是分布式账本。这种分布式账本技术能够防止单个节点故障导致的数据丢失,同时也能避免恶意节点篡改历史数据。

(4) 智能合约

智能合约就是计算机代码程序,其中合约条款包含在编程语言中,而不包含在法律语言中。智能合约由系统在规定的条款下以自我执行的方式执行,以促进、执行、验证协议,能够独立于公众法律与执行系统。智能合约可用于管理合同与订单,根据生产量与订单数量,智能地分配订单任务,高效地利用每一份资源。智能合约一旦建立,系统便会自动执行合约,任何人都不可以单方面撤销合约或阻止合约的执行。因此,智能合约很好地避免了信用问题的出现。

5.1.4　区块链的安全特性

根据网络系统的安全需求,结合区块链的特点,构建区块链系统。其基本安全目标是通过密码学和网络安全等技术手段,保护区块链系统中的数据安全、共识安全、隐私保护、智能合约安全和内容安全。其中,数据安全是区块链的首要安全目标;共识安全、隐私保护、智能合约安全和内容安全与数据安全联系紧密,是数据安全目标在区块链各层级中的细化,也是区块链设计中需要特别考虑的安全要素。

（1）数据安全

数据安全是区块链的基本安全目标。区块链作为一种去中心化的存储系统,需要存储交易、用户信息、智能合约代码和执行中间状态等海量数据。这些数据至关重要,是区块链安全防护的首要实体。通常使用 CIA 信息安全三元组来定义区块链的数据安全,CIA 三元组即保密性(confidentiality)、完整性(integrity)和可用性（availability）。

① 保密性:规定了不同用户对不同数据的访问控制权限,仅有权限的用户才可以对数据进行相应的操作,未授权用户不能知晓和使用相关信息,这进一步引申出隐私保护的特性。保密性要求区块链设置相应的认证规则、访问控制和审计机制。认证规则规定了每个节点加入区块链的方式和有效的身份识别方式,是实现访问控制的基础。访问控制规定了访问控制的技术方法和每个用户的访问权限。在无许可区块链中,如何通过去中心化的结构实现有效的访问控制尤为重要。审计机制是指区块链能够提供有效的安全事件监测、追踪、分析、追责等一整套监管方案。

② 完整性:指区块链中的任何数据不能被未经过授权的用户或者以不可察觉的方式实施伪造、修改、删除等非法操作。具体来说,用户发布的交易信息不可篡改、不可伪造;矿工挖矿成功后生成的区块获得全网共识后不可篡改、不可伪造;智能合约的状态变量、中间结果和最终输出不可篡改、不可伪造;区块链系统中一切行为不可抵赖,如攻击者无法抵赖自己的双重支付(double spending)攻击行为。在交易等底层数据层面上,完整性往往需要数字签名、哈希函数等密码组件支持。在共识层面上,数据完整性的实现则更加依赖共识安全。

③ 可用性:指数据可以在任意时间被有权限的用户访问和使用。区块链中的可用性包括四个方面。第一,可用性要求区块链具备在遭受攻击时仍然能够继续提供可靠服务的能力,这依赖于支持容错的共识机制和分布式入侵容忍等技术实现。第二,可用性要求区块链在受到攻击导致部分功能受损时,具备短时间内修复和重构的能力,这依赖于网络的可信重构等技术实现。第三,可用性要求区块链提供无差别服务,即新加入网络的节点依旧可以通过有效方式获取正确的区块链数据,保证新节点的数据安全。第四,可用性要求用户的访问数据请求在有限时间内得到区块链网络响应,这进一步引申出可扩展性的

含义。可扩展性要求区块链系统具有高吞吐量、低响应时延,即使在网络节点规模庞大或者通信量激增的情况下,仍能提供稳定的服务。

(2) 共识安全

共识机制是区块链的核心,共识安全对区块链的数据安全起到重要的支撑作用。比特币骨干协议中定义的一致性(consistency)和活性(liveness)两个安全属性是衡量、评估区块链共识安全的重要标准。

① 一致性:要求任何已经被记录在区块链上并达成共识的交易都无法更改,即一旦网络中的节点在一条区块链上达成共识,那么任意攻击者都无法通过有效手段产生一条区块链分叉,使得网络中的节点抛弃原区块链,在新区块链分叉上达成共识。一致性是共识机制最重要的安全目标,根据共识机制在达成共识的过程中是否出现短暂分叉,一致性又分为弱一致性和强一致性。弱一致性是指在网络节点达成共识的过程中有短暂分叉的出现。一些情况下,节点可能会无法立即在两个区块链分叉中做出选择,出现左右摇摆的情况。强一致性是指网络中新区块一旦生成,网络节点即可判断是否对它达成共识,不会出现阶段性分叉。

② 活性:要求诚实节点提交的合法数据终将由全网节点达成共识并被记录在区块链上。合法数据包括诚实节点提交的合法交易、正确执行的智能合约中间状态变量、结果等。活性保证了诚实节点能够抵抗拒绝服务攻击,维护区块链持续可靠运行。

(3) 隐私保护

隐私保护是对用户身份信息等用户不愿公开的敏感信息的保护。在区块链中,隐私保护主要针对用户身份信息和交易信息两部分内容。因此,区块链的隐私保护可划分为身份隐私保护和交易隐私保护。

① 身份隐私保护:要求用户的身份信息、物理地址、IP 地址与区块链上的用户公钥、地址等公开信息之间是不关联的。任何未授权节点仅依靠区块链上公开的数据无法获取有关用户身份的任何信息,也不能通过网络监听、流量分析等网络技术手段对用户交易和身份进行追踪。

② 交易隐私保护:要求交易本身的数据信息对非授权节点匿名,在比特币中特指交易金额、交易的发送方公钥、接收方地址以及交易的购买内容等其他交易信息。任何未授权节点无法通过有效的技术手段获取交易相关的知识。在一些需要高隐私保护强度的区块链中,还要求割裂交易与交易之间的关联性,即非授权节点无法有效推断两个交易是否具有前后连续性、是否属于同一用户等关联关系。

(4) 智能合约安全

根据智能合约的整个生命周期运作流程,可以将智能合约安全划分为编写安全和运行安全两部分。

① 编写安全:侧重智能合约的文本安全和代码安全两方面。文本安全是实现智能合约稳定运行的第一步。智能合约开发人员在编写智能合约前,需要根据实际功能设计完

善的合约文本,避免因合约文本错误而导致智能合约执行异常甚至死锁。代码安全要求智能合约开发人员使用安全成熟的语言,严格按照合约文本进行编写,确保合约代码与合约文本的一致性,且代码编译后没有漏洞。

②运行安全:涉及智能合约在实际运行过程中的安全保护机制,是智能合约在不可信的区块链环境中安全运行的重要目标。运行安全指智能合约在执行过程中一旦出现漏洞甚至被攻击,不会对节点本地系统设备造成影响,也不会使调用该合约的其他合约或程序执行异常。运行安全包括模块化和隔离运行两方面。模块化要求智能合约标准化管理,具有高内聚、低耦合的特点,可移植,可通过接口实现智能合约的安全调用,遭受攻击后的异常结果并不会通过合约调用的方式继续蔓延,保证了智能合约的可用性。隔离运行要求智能合约在虚拟机等隔离环境中运行,不能直接运行在参与区块链的节点本地系统上,以防运行智能合约的本地操作系统遭受攻击。

(5) 内容安全

内容安全是在数据安全的基础上衍生出来的应用层安全属性,要求区块链上传播和存储的数据内容符合道德规范和法律要求,防止不良或非法内容在区块链网络中传播,保证区块链网络中信息的纯净度。内容安全的保障重点是加强区块链中信息在传播和存储过程中的控制和管理。由于区块链具有不可篡改的特点,因此一旦非法内容被记录在区块链上,将很难被修改或撤销,也将影响公众和政府对区块链应用的态度。在区块链应用生态中需要网络监测、信息过滤等技术,以保证区块链的内容安全。此外,内容安全还需要设置有效的监管机制,对已经记录在区块链中的非法内容进行撤销、删除等操作,维护区块链网络健康发展。

5.2　区块链四大关键技术

5.2.1　P2P 技术

(1) P2P 网络

对等式(peer-to-peer network,P2P)网络作为一种分布式网络,打破了传统的 C/S 模式。在 P2P 网络环境下,所有节点都是对等的,各节点具有相同的责任与能力以协同完成任务,每个节点既能充当网络服务的请求者,又能对其他节点的请求做出响应。对等节点之间通过直接互联共享信息资源、处理器资源、存储资源甚至高速缓存资源等,无须依赖集中式服务器。

P2P 网络一般具有如下特点:

①非中心化:网络中的资源和服务分散在所有节点上,信息的传输和服务的实现都直接在节点之间进行。

②可扩展性:在 P2P 网络中,随着用户的加入,不仅服务的需求增加了,系统整体的

资源和服务能力也在同步扩展,理论上其扩展性几乎是无限的。

③ 健壮性:由于服务是分散在各个节点之间进行的,部分节点在遭到破坏时对其他部分的影响很小。

④ 隐私保护:在 P2P 网络中,由于信息的传输分散在各节点之间进行,无须经过某个特定的中间环节,用户的隐私信息被窃听和泄漏的可能性大大降低了。

⑤ 负载均衡:在 P2P 网络环境下,每个节点既是服务器又是客户机,减少了对传统 C/S 结构服务器计算能力、存储能力的要求,同时资源分布在多个节点,更好地实现了整个网络的负载均衡。

与传统的 C/S 模式相比,P2P 网络弱化了服务器的功能,甚至取消了服务器。所有 P2P 节点在逻辑上是对等的,每个节点既充当服务器,为其他节点提供服务,也充当客户端,享用其他节点提供的服务。网络节点越多,P2P 网络性能就越好、稳定性就越高。图 5-2 给出了 P2P 系统和 C/S 系统的网络结构拓扑图。图中,Peer 表示对等者;Client 表示客户端软件。

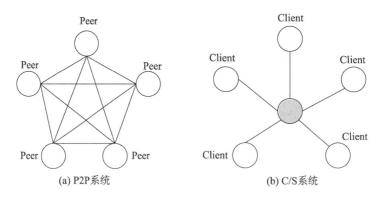

(a) P2P系统 　　　　　　　　(b) C/S系统

图 5-2　P2P 系统与 C/S 系统的结构示意图

(2)区块链中的 P2P

1)组网方式

区块链系统的节点一般具有分布式、自治性、开放可自由进出等特性,因而一般采用 P2P 网络来组织散布全球的参与数据验证和记账的节点。P2P 网络中的每个节点均地位对等且以扁平式拓扑结构相互连通和交互,不存在任何中心化的特殊节点和层级结构,每个节点均具有搭建网络路由、验证区块数据、传播区块数据、发现新节点等功能。按照存储数据量的不同,可将节点分为全节点和轻量级节点。全节点保存有从创世区块到当前最新区块为止的完整区块链数据,并通过实时参与区块数据的校验和记账来动态更新主链。其优势在于它不依赖任何其他节点而能够独立地实现任意区块数据的校验、查询和更新,劣势则是维护全节点的空间成本较高。以比特币为例,截至 2016 年 2 月,创世区块的数据量已经超过 60 GB。与之相比,轻量级节点仅保存一部分区块链数据,并通过简易支付验证方式向其相邻节点请求所需的数据来完成数据校验。

2）数据传播协议

任一区块数据生成后,将由生成该数据的节点广播到全网其他所有的节点来加以验证。现有的区块链系统一般根据实际应用需求设计比特币传播协议的变种,例如以太坊区块链集成了所谓的"幽灵协议"以解决因区块数据确认速度快而导致的高区块作废率和随之而来的安全性风险。根据中本聪的设计,比特币系统的交易数据传播协议包括如下步骤:

① 比特币交易节点将新生成的交易数据向全网所有节点进行广播。

② 每个节点都将收集到的交易数据存储到一个区块中。

③ 每个节点基于自身算力在区块中找到一个具有足够难度的工作量证明。

④ 当节点找到区块的工作量证明后,就向全网所有节点广播此区块。

⑤ 仅当包含在区块中的所有交易都是有效的且之前未存在过时,其他节点才认同该区块的有效性。

⑥ 其他节点接收该数据区块,并在该区块的末尾制造新的区块以延长该链条,而将被接收区块的随机哈希值视为先于新区块的随机哈希值。

需要说明的是,如果交易节点是与其他节点无连接的新节点,比特币系统通常会将一组长期稳定运行的"种子节点"推荐给新节点建立连接,或者推荐至少一个节点连接到新节点。此外,交易数据广播时,并不需要全部节点均接收到,而是只要足够多的节点做出响应即可整合进入区块账本中。未接收到特定交易数据的节点则可向邻近节点请求下载该缺失的交易数据。

3）数据验证机制

P2P 网络中的每个节点都时刻监听比特币网络中广播的数据与新区块,节点接收到邻近节点发来的数据后,将首先验证该数据的有效性。若数据有效,则按照接收顺序为新数据建立存储池以暂存尚未记入区块的有效数据,同时继续向邻近节点转发;若数据无效,则立即废弃该数据,从而保证无效数据不会在区块链网络中继续传播。以比特币为例,比特币的矿工节点会收集和验证 P2P 网络中广播的尚未确认的交易数据,并对照预定义的标准清单,从数据结构、语法规范性、输入输出和数字签名等各方面校验交易数据的有效性,将有效交易数据整合到当前区块中;同理,当某矿工"挖"到新区块后,其他矿工节点也会按照预定义标准来校验该区块是否包含足够工作量证明、时间戳是否有效等,若确认有效,则其他矿工节点会将该区块链接到主区块链上,并开始竞争下一个新区块。由网络层设计机理可见,区块链是典型的分布式大数据技术,全网数据同时存储于去中心化系统的所有节点上,即使部分节点失效,只要仍存在一个正常运行的节点,区块链主链数据就可完全恢复,而不会影响后续区块数据的记录与更新。这种高度分散化的区块存储模式与云存储模式的区别在于,后者是基于中心化结构基础上的多重存储和多重数据备份模式,即"多中心化"模式;而前者则是"完全去中心化"的存储模式,具有更高的数据安全性。

5.2.2 Hash 技术

（1）Hash 定义

哈希(Hash)算法是非常基础也非常重要的计算机算法,它能将任意长度的二进制明文串映射为较短的(通常是固定长度的)二进制串(Hash 值),并且不同的明文很难映射为相同的 Hash 值。例如,计算"hello blockchain world"的 SHA-256 Hash 值:

$ echo "hello blockchain world " | shasum-a 90ea909694ee57e040482a7e6a379af26 bc3ddd2ac2dc0cd252fa01bde8d73b8

这意味着对于某个文件,无须查看其内容,只要其 SHA-256 Hash 计算后结果同样为 90ea909694ee57e040482a7e6a379af26bc3ddd2ac2dc0cd252fa01bde8d73b8,则说明文件内容极大概率上就是"hello blockchain world"。一个优秀的 Hash 算法能实现如下功能:

① 正向快速:给定明文和 Hash 算法,在有限时间和资源内能计算得到 Hash 值。

② 逆向困难:给定(若干)Hash 值,在有限时间内很难逆推出明文。

③ 输入敏感:输入信息发生任何改变,对应的 Hash 值都会出现很大不同。

④ 冲突避免:很难找到两段内容不同的明文,使得它们的 Hash 值一致。

冲突避免有时又称抗碰撞性,分为弱抗碰撞性和强抗碰撞性。若在给定明文的前提下,无法找到与之碰撞的其他明文,则算法具有弱抗碰撞性;若无法找到任意两个发生 Hash 碰撞的明文,则算法具有强抗碰撞性。在很多场景下,往往要求算法对于任意长的输入内容,可以输出定长的 Hash 值结果。

（2）常见 Hash 算法

目前常见的 Hash 算法包括消息摘要算法(message digest algorithms,MD5)和安全散列算法(secure hash algorithm,SHA)。

MD4 (RFC 1320)是麻省理工学院(MIT)的 Ron Rivest 在 1990 年设计的, MD 是 message digest 的缩写。其输出为 128 位。MD4 已被证明不够安全。

MD5 (RFC 1321)是 Ron Rivest 于 1991 年对 MD4 的改进版本。它对输入仍以 512 位进行分组,输出是 128 位。MD5 比 MD4 更加安全,但过程更加复杂,计算速度要慢一点。MD5 已被证明不具备强抗碰撞性。

SHA 并非一个算法,而是一个 Hash 函数族。美国国家标准与技术研究院(NIST)于 1993 年发布其第一个算法。SHA-1 算法在 1995 年面世,它的输出长度为 160 位的 Hash 值,因此抗穷举性更好。SHA-1 在设计时模仿了 MD4 算法,采用了类似的原理。SHA-1 已被证明不具备强抗碰撞性。

为了提高安全性,NIST 还设计出了 SHA-224、SHA-256、SHA-384 和 SHA-512 算法(统称为 SHA-2),算法原理与 SHA-1 类似。SHA-3 相关算法也已被提出。目前,MD5 和 SHA-1 已被破解,一般推荐至少使用 SHA-256 或更安全的算法。

（3）性能

Hash 算法一般都是计算敏感型的，这意味着计算资源是瓶颈，主频越高的 CPU 运行 Hash 算法的速度越快。因此，可以通过硬件加速来提升 Hash 计算的吞吐量。例如，采用 FPGA 来计算 MD5 值，可以轻易达到数十吉比特每秒的吞吐量。也有一些 Hash 算法不是计算敏感型的，如 Scrypt 算法，其计算过程需要大量的内存资源，节点不能通过简单地增加更多 CPU 来获得 Hash 性能的提升。这样的 Hash 算法经常用在避免算力攻击的场景。

（4）安全性

Hash 算法并不是一种加密算法，不能用于对信息的保护，但 Hash 算法常用于对口令的保存上。例如，用户登录网站需要验证用户名和密码。如果网站后台直接保存用户的口令明文，一旦数据库发生泄露后果不堪设想，因为大量用户倾向于在多个网站选用相同或相关联的口令。

利用 Hash 的特性，后台可以仅保存口令的 Hash 值，这样每次比对 Hash 值一致，则说明输入的口令正确。即便数据库泄露了，也无法从 Hash 值还原回口令，除非穷举测试。

然而，由于有时用户设置口令的强度不够，只是一些常见的简单字符串，如 password、123456 等。有人专门搜集了这些常见口令，计算对应的 Hash 值，制作成字典。这样通过 Hash 值可以快速反查到原始口令。这一类型以空间换时间的攻击方法包括字典攻击和彩虹表攻击（只保存一条 Hash 链的首尾值，相对字典攻击可以节省存储空间）等。

为了防范这一类攻击，一般采用加"盐"的方法。即保存的不是口令明文的 Hash 值，而是口令明文再加上一段随机字符串（即"盐"）之后的 Hash 值。Hash 结果和"盐"分别存放在不同的地方，这样只要不是两者同时泄露，攻击者就很难破解了。

5.2.3 非对称密码学技术

加解密算法是密码学的核心技术，从设计理念上可以分为两大基本类型，即对称加密和非对称加密（见表 5-3）。

表 5-3　加解密算法的类型

算法类型	特点	优势	缺陷	代表算法
对称加密	加解密的密钥相同	计算效率高，加密强度高	需提前共享密钥，易泄露	DES、3DES、AES、IDEA
非对称加密	加解密的密钥不相关	无须提前共享密钥	计算效率低，仍存在中间人攻击可能	RSA、ElGamal、ECC、SM2 等系列算法

（1）加解密系统基本组成

现代加解密系统的典型组件一般包括加密算法、解密算法、加密密钥和解密密钥。其中，加密算法、解密算法自身是固定不变的，并且一般是公开可见的；密钥则是最关键的信息，需要安全地保存起来，甚至通过特殊硬件进行保护。一般来说，对于同一种算法，密钥需要按照特定算法在每次加密前随机生成，长度越长，加密强度越大。加解密的基本过程如图 5-3 所示。

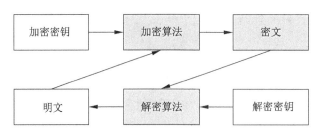

图 5-3　加解密的基本过程

加密过程中,通过加密算法和加密密钥对明文进行加密,获得密文。解密过程中,通过解密算法和解密密钥对密文进行解密,获得明文。

根据加解密过程中所使用的密钥是否相同,算法可以分为对称加密(又称公共密钥加密)和非对称加密(又称公钥加密)。两种模式适用于不同的需求,恰好形成互补。某些时候可以组合使用,形成混合加密机制。

并非所有加密算法的安全性都可以从数学上得到证明。公认的高强度的加密算法及其具体实现往往要经过长时间各方面充分实践论证后,才被大家认可,但也不代表其绝对不存在漏洞。因此,自行设计和发明未经过大规模验证的加密算法是一种不太明智的行为。即便不公开算法加密过程,也很容易被攻破,无法在安全性上得到保障。实际上,密码学实现的安全往往是通过算法所依赖的数学问题来提供的,而并非通过对算法的实现过程进行保密。

(2)非对称加密算法

非对称加密是现代密码学历史上的一项伟大发明,可以很好地解决对称加密中提前分发密钥的问题。顾名思义,非对称加密算法中,加密密钥和解密密钥是不同的,分别称为公钥和私钥。私钥一般需要通过随机数算法生成,公钥可以根据私钥生成。公钥一般是公开的,他人可获取;私钥一般是个人持有,他人不能获取。

非对称加密算法的优点是公钥和私钥分开,不安全通道也可使用。缺点是处理速度(特别是生成密钥和解密过程)比较慢,一般比对称加解密算法慢 2~3 个数量级;同时加密强度也不如对称加密算法。

非对称加密算法的安全性往往需要基于数学问题来保障,目前主要有基于大数质因子分解、离散对数、椭圆曲线等经典数学难题进行保护。代表算法包括 RSA、ElGamal、椭圆曲线密码学(elliptic curve crytosystems, ECC)、SM2(shangmi 2)等系列算法。

① RSA:经典的公钥算法,1978 年由 Ron Rivest、Adi Shamir、Leonard Adleman 共同提出,三人于 2002 年获得该算法的图灵奖。该算法利用了对大数进行质因子分解困难的特性,是第一个能同时用于加密和数字签名的算法,被普遍认为是目前最优秀的公钥方案之一。

② ElGamal:由 Taher ElGamal 设计,利用了模运算下求离散对数困难的特性,比 RSA

生成密钥更快,被应用在 PGP 等安全工具中。

③ ECC:现代备受关注的算法系列,基于对概圆曲线上的特定点进行特殊乘法逆运算难以计算的特性。最早在 1985 年由 Neal Koblitz 和 Victor Miller 分别独立提出。ECC 系列算法一般被认为具备较高的安全性,但加解密计算过程往往比较费时。

④ SM2:国家商用密码算法,由中国密码管理局于 2010 年 12 月 17 日发布,同样基于椭圆曲线算法,一般认为其加密强度优于 RSA 系列算法。

非对称加密算法一般适用于签名场景或密钥协商,但不适用于大量数据的加解密。目前一般推荐采用安全强度更高的椭圆曲线系列算法。

(3)比特币系统中的非对称加密

比特币系统中的非对称加密机制如图 5-4 所示。比特币系统一般通过调用操作系统底层的随机数生成器来生成 256 位随机数作为私钥,比特币私钥的总量可达 2^{256},极难通过遍历全部私钥空间来获得存有比特币的私钥,因而从密码学来说是安全的。为便于识别,256 位二进制形式的比特币私钥将通过 SHA-256 哈希算法和 Base58 转换形成 50 字符长度的易识别和书写的私钥提供给用户;比特币的公钥是由私钥首先经过 Secp256k1 椭圆曲线算法生成 65 字节长度的随机数。该公钥可用于产生比特币交易时使用的地址,其生成过程为首先将公钥进行 SHA-256 和 RIPEMD160 双哈希运算并生成 20 字节长度的摘要结果(即 Hash160 结果),再经过 SHA-256 哈希算法和 Base58 转换形成 33 字符长度的比特币地址。公钥生成过程是不可逆的,即不能通过公钥反推出私钥。比特币的公钥和私钥通常保存于比特币钱包文件,其中私钥最为重要。丢失私钥就意味着丢失了对应地址的全部比特币资产。现有的比特币和区块链系统中,根据实际应用需求已经衍生出多私钥加密技术,以满足多重签名等更为灵活和复杂的场景。

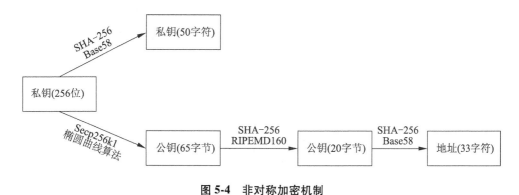

图 5-4 非对称加密机制

5.2.4 共识技术

共识机制是分布式系统中实现去中心化信任的核心,它通过在互不信任的节点之间建立一套共同遵守的预设规则,实现节点之间的协作与配合,最终达到不同节点数据的一致性。由于区块链的本质是去中心化的分布式账本数据库,区块链中的共识机制既要体现分布式系统的基本要求,又要考虑区块链中专门针对交易记录、需要解决拜占庭容错以及可能存在恶意节点篡改数据等安全问题,因此区块链中的共识机制更具有针对性,可根据不同的区块链应用场景选择符合不同运行需求的共识机制。

自1982年Lamport等学者提出"拜占庭将军问题"以来,有关共识算法的大量研究仅集中在理论探讨方面。但从2008年比特币进入人们的视线后,各类共识机制开始从理论步入实践,并随着比特币自身的迭代、以太坊平台的发展以及智能合约和超级账本等基于区块链应用的丰富,已有的共识算法在实践中得到完善,同时伴随新应用场景的不断出现,符合相应需求的共识机制相继得到应用。

目前,区块链中常见的共识机制和算法包括工作量证明机制(PoW)、权益证明机制(PoS)、股份授权证明机制(DPoS)、实用拜占庭容错(practical Byzantine fault tolerance,PBFT)机制等。表5-4中对各共识机制的主要特性进行了对比。

表5-4　PoW、PoS、DPoS、PBFT 共识机制对比

参数	PoW	PoS	DPoS	PBFT
中心化程度	完全去中心化	完全去中心化	部分去中心化	部分去中心化
节点准入许可	不需要	不需要	不需要	需要
接入节点数	不限	不限	不限	受限
出块时间	长	较长	较短(秒级)	短(毫秒级)
主要资源占用	算力(电能)	权益、代币	权益、代币	带宽(通信)
应用场景	公有链	公有链	公有链	联盟链
是否分叉	易分叉	易分叉	不易分叉	无分叉
最终一致性	无最终性	无最终性	无最终性	有最终性
安全性保障	1/2以上算力可信	1/2以上stake可信	1/2以上股权可信	2/3以上节点可信

(1) PoW 共识机制

1997年,26岁的英国埃克塞特大学博士亚当·巴克(Adam Back)提出哈希现金(Hash cash)的概念,其思想类似于密码学的RSA算法:计算两个质数之积是容易的,但分解两个质数之积是困难的。哈希现金的思想源于一些数学算法的结果难于发现却易于校验。基于这一数学特征,可以设计这样的协议:提供一个有一定计算量的质数之积,只要对方能够将其进行分解,就允许建立连接。这一协议要求对方必须是有诚意的,而且为了表示此诚意需要付出一定的算力来解决提出的问题。例如,为了防止接收到垃圾邮件,邮件接收者可以在邮件的消息头中增加一个哈希值,该值在生成时需要包括收件人地址、发送时间及盐值(salt值)等信息,可以对该哈希值设置一定的条件(如前10位必须是0),只有满足该条件的邮件才被认为是一个合法的邮件。邮件发送者只有经过不断尝试(改变salt值),直到得到符合要求的哈希值,除此之外没有任何捷径。另外,生成该哈希值时的时间戳可以防止一次计算结果的重复使用,避免垃圾邮件制造者利用同一个哈希值发送多份邮件。

哈希现金的本质是一种 PoW 系统,即愿意并完成了一定计算工作量且提供了证明的节点被认为是可信赖的。在比特币区块链中就采用了高度依赖节点算力的 PoW 机制,每个参与共识的矿工基于各自的算力相互竞争来共同解决一个求解复杂但验证容易的SHA-256 数学难题,最快解决该难题的节点将获得区块记账权和系统给予的比特币奖励。即在已预置区块头中工作量证明难度的前提下,节点通过不断调整随机数 Nonce 来计算区块头部元数据的双 SHA-256 哈希值以满足以下条件:

$$H(H(n||h)) \leqslant d$$

式中,$H()$ 为单向哈希函数,比特币使用 SHA-256;h 为区块头部数据,主要包含前一区块哈希、Merkle 根等内容;d 为当前工作量证明难度。

PoW 在区块链网络中的共识流程如下:

① 当某一节点产生了一笔新交易时,为了尽快完成交易过程并得到别人的认可,交易及相关信息会立即广播给区块链网络中的所有节点。节点在接收到该交易数据时,为了能够完成挖矿操作便将其按序添加到当前区块体中。

② 根据 Merkle 根的生成规则,每个节点计算自前一次区块生成以来已接收到的交易构成的 Merkle 根,并填写区块头中各字段的元数据,其中 Nonce 的初始值设置为 0。

③ 从 0 开始将 Nonce 每次按 1 递增,依次计算区块头的双 SHA-256 值,直到该值小于或等于工作量证明难度的设定值,该 Nonce 就是工作量证明的解。

④ 当某个节点找到了符合工作量证明要求的 Nonce 值后,为了获得对该区块的记账权(获得了记账权就获得了奖励),就需要尽快将该区块以广播形式向全网分发。

⑤ 其他节点在接收到新区块后,为了尽快挖出下一个区块,就会对接收到的区块进行验证,如果正确,便将该新区块添加到主链上,并在该区块的基础上竞争下一个区块。

挖矿的实质是所有参与节点集中各自算力去寻找由多个前导 0 构成的区块头哈希值,工作量证明难度 d 的设定值越小,区块头哈希值的前导 0 就越多,寻找到合适随机数的概率就越低,挖矿的难度就越大。为了适应硬件技术的快速发展及计算能力的不断提升,比特币每 2016 块就会调整一次工作量证明难度,以控制区块的平均生成时间(10 min)始终保持不变。

PoW 共识机制的特点是各参与节点紧紧依赖于自己的算力以获得对新区块的记账权,同时获得相应的奖励(该过程也实现了比特币的发行),在此共识过程中引入了经济激励机制,从而使更多的节点为了追求经济利益而愿意加入挖矿过程。这种独特的共识机制不但有利于系统的长久稳定运行,而且增强了网络的可靠性与安全性。PoW 共识机制的优势是借助比特币特有的价值属性激励节点参与挖矿,并在共识过程中通过竞争区块的记账权实现了比特币的货币发行和交易支付行为,采用的验证和竞争机制保障了系统的安全性和去中心化。但 PoW 共识过程完全依赖各节点的算力,从而引起大量资源的浪费，与当前绿色发展的理念格格不入。同时，长达 10 min 的出块时间，使得 PoW 机制不适合额度小、交易量大的商业应用，其可扩展性受到了限制。

（2）PoS 共识机制

PoS 共识机制是 PoW 的替代方案，是为解决 PoW 共识机制中一直被诟病的资源浪费以及为了满足更高要求的安全性而提出的。Pos 设置的记账规则与 PoW 算法类似，即所有矿工基于算力竞争满足特定条件的哈希值，最先成功求得解的矿工便拥有记账权。两种算法的不同之处在于，PoW 共识是基于节点的算力来求解符合条件的哈希值，而 PoS 则是寻找最高权益的节点，即 PoS 通过权益证明来替代 PoW 中的基于节点哈希算力的证明来竞争新区块的记账权。

PoS 算法中的权益可以概括为节点拥有的资产，谁拥有的资产越多，谁将更有可能在下一个区块记账权的竞争中胜出。在不同的应用场景中，资产所表示的含义有所不同。PPCoin 中的资产为"币龄"，即节点拥有数字货币的数量与持有时间的乘积，其值越大，节点获得新区块记账权的概率也就越大。为了避免 PoW 算法中因算力过于集中带来的问题，在 Pos 算法中，若某一节点获得了记账权，则其"币龄"将会自动清零。基于"币龄"的算法设计非常类似于现实生活中的现象，即某人拥有代币的数量越多、时间越长，就越希望维护币值稳定，也越愿意维护系统的正常运行；基于可验证密钥共享（verifiable secret sharing，VSS）的 G. O. D. coin tossing 算法中的资产为"代币"，持有代币越多的节点将有更高的概率被选中作为新区块记账者；为了防止节点在离线状态下累积"币龄"，黑币（blackcoin）在其 2014 年 6 月发布的 PoS 2.0 白皮书中，用"余额"作为资产来鼓励节点尽可能保持在线，以提高系统的安全性和系统运行的稳定性；为了解决 PoW 算法在挖矿过程中产生的能源消耗问题，以太坊将从早期的使用 PoW 的共识机制到 PoW 和 PoS 混合，再到最后实现单一的 PoS 共识机制过渡。

与 PoW 算法相比，PoS 算法拥有一些明显的优点，如放弃单纯的算力竞争而节约了能源，采用清零机制解决了算力过于集中的问题，限制只有在线用户才能获得收益从而解决"公地悲剧"（tragedy of the commons）的发生等。但 PoS 也有一些明显的缺点，如更容易出现分叉，安全性和容错性相对较低，某些拥有权益的节点无意全力投入记账竞争等。

（3）DPoS 共识机制

为了有效解决 PoS 共识机制存在的不足，Larimer 等于 2014 年 4 月在 PoS 的基础上提出了 DPoS 共识算法，以提高持币者参与挖矿的积极性和主动性。DPoS 共识机制也称股份授权证明算法，即每个节点相当于一个股东，所有股东选择一定数量的代表作为共同信任的委托人，由该委托人来帮助大家记账。DPoS 共识机制与 PoS 的最大区别表现在以下方面：

① 委托人的选择：委托人必须是大家信任的股东节点，每个股东节点将其持有股份的数量作为选票投给自己信任的某个节点，在规定的时间内获得选票最多且有意愿为大家服务的股东节点将作为委托人（总共 101 个）。

② 激励与惩罚:根据系统约定,每个委托人在规定的时间范围内轮流负责新区块的生成、转发和验证,并可以从每笔交易中获得一定数额的交易费(transaction fees)。为了防止委托人不作为,系统规定每个委托人必须事先缴纳金额相当于获得一个新区块记账权奖励100倍的保证金,如果某个委托人没有在规定的时间内完成新区块的创建工作,股东将会收回选票,并将该委托人降为普通股东,同时保证金也会被没收。这样委托人为了能够获益,必须保持永久在线。

基于 DPoS 共识机制的区块链系统是一个中心化(针对委托人)和去中心化(针对所有股东)的混合体,每个节点都能够通过投票决定自己的委托人,有限的委托人轮流记账,大幅度减少了参与记账竞争的节点数,提高了共识验证的效率。而且每一个委托人的工作状态都受到投票者的监督,在确保节点真实性的同时,也能够使那些虽然拥有较少资源(算力)但具有较强责任心的节点有机会成为委托人而获益。

(4) PBFT 共识机制

与 PoW、PoS 和 DPoS 不同的是,拜占庭容错(Byzantine fault tolerance,BFT)机制无须通过竞争来确定记账者,而是让系统中的节点以投票方式来产生新区块,并实现系统中共识结果的一致性,且不会出现分叉现象。根据分布式系统的 CAP 理论,任何一个系统在一致性(consistency)、可用性(availability)和分区容错性(partition tolerance)中最多能够同时实现两项,这就使得 BFT 在满足一致性和可用性的前提下,只能弱化分区容错性。由于 BFT 机制具有强一致性(这是共识机制的前提),因此各种基于 BFT 的衍生算法广泛应用于区块链网络,如超级账本(hyperledger)和小蚁(antshares)等多个区块链系统都使用了 PBFT 共识机制。

PBFT 通过优化算法将计算复杂度从指数级降到多项式级,解决了 BFT 运行效率低的问题。PBFT 共识机制主要包括共识达成、检查点(check point)协议和视图转换(viewchange)协议 3 个部分。其中,共识达成分为以下 5 个过程(见图 5-5):

① 请求(propose):当客户端(client)向主节点发起一个请求时,便产生一个新的视图(view)。其中,PBFT 中的节点分为主节点(primary)和副本节点(replica)两种类型,1 个 PBFT 区块链网络中的主节点只有 1 个,其他节点都是副本节点;视图表示当前所有节点身份的状态信息,当视图转换协议更换主节点时,视图也会随之发生变化。

② 预准备(pre-prepare):主节点在收到客户端的请求消息后,首先对其进行编号,然后将计算得到的预准备消息发给所有的副本节点。在此过程中,用到了哈希算法、数字签名等方式。

③ 准备(prepare):副本节点在收到主节点发送的预准备消息后,验证消息的合法性。验证通过后,副本节点分别计算准备消息,然后将结果发送给其他节点。与此同时,各节点对自己收到的准备消息进行验证,当通过验证的合法准备消息数量大于等于 $2f+1$(f 为恶意节点数)时,将预准备消息和准备消息写入日志,并向其他节点发送确认消息。

④ 确认(commit):节点接收到确认消息,并验证其合法性。若通过验证的合法确认

消息的数量大于等于 2f+1,则完成消息的证明,并将证明结果合发送给客户端。

⑤ 回复(reply):客户端对接收到的由各节点回复的证明消息进行验证。当通过验证的消息数量大于等于 2f+1 时,客户端确认完成请求;否则,客户端需要重新发起一轮全新的请求过程。

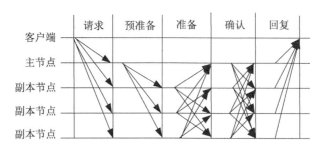

图 5-5　PBFT 共识流程

在采用 PBFT 共识机制的区块链网络中,主节点代表获得记账权的节点,而客户端请求代表交易信息。

在 PBFT 共识过程中,还用到了检查点协议和视图转换协议。其中,检查点协议的功能是实现节点状态的一致性。当某个节点因网络延时或中断等而导致从某一编号开始的请求消息没有执行时,检查点协议通过周期性地执行同步操作,将系统中的节点同步到某一个相同的状态,并定期删除指定时间点之前的日志数据,以节约节点存储空间。视图转换协议的功能是在主节点不能正常工作时,重新从现有的副本节点中选出一个新的节点作为主节点继续 PBFT 共识过程。

由于 PBFT 共识中可以生成新区块的节点(primary 节点)是唯一的,因此不会存在分叉现象。但由于每个节点都需要频繁地接收从其他节点发送过来的交易数据,同时也要将本节点的交易数据尽快发送出去,因此网络的开销较大,导致基于 PBFT 共识机制的区块链的系统性能不高,只能满足规模不大的联盟链应用场景。

5.3　区块与交易

5.3.1　区块的格式规范

为了实现数据的不可篡改性,区块链引入了以区块为单位的链式结构,不同区块链平台的数据结构在部分细节上虽然存在差异,但主体框架基本相同。以比特币为例,每个区块由区块头和区块体两部分组成,其结构如图 5-6 所示。

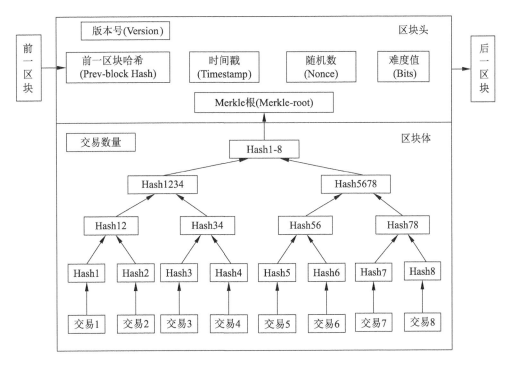

图 5-6　比特币区块数据结构

其中,区块头封装了当前版本号(Version)、前一区块哈希(Prev-block Hash)、用于当前区块工作量证明的目标难度值(Bits)、用于工作量证明算法的随机数(Nonce)、用于验证区块体交易哈希的 Merkle 根(Merkle-root)以及当前区块的生成时间戳(Timestamp)等信息。具体描述如表 5-5 所示。

表 5-5　比特币区块头字段结构

字段	大小/byte	功能描述
Version	int(4 bytes)	比特币软件的当前版本号
Prev-block Hash	uint256(32 bytes)	前一区块的哈希值
Merkle-root	uint256(32 bytes)	所有交易生成的 Merkle 根节点的哈希
Timestamp	unsigned int(4 bytes)	区块创建时的 UNIX 格式的时间
Bits	unsigned int(4 bytes)	当前区块工作量证明的目标难度值
Nonce	unsigned int(4 bytes)	用于工作量证明算法的随机数

在区块链头部,"时间戳"字段在区块链的形成和维护过程中发挥着极其重要的作用:一是不同区块按照生成时间来确定前后关系;二是用于维护共识算法的最长链规则,即当一个节点通过共识算法产生了一个新区块并将其广播到全网后,其他节点在接收到该新区块数据时必须立即停止当前的共识运算(挖矿)而对新区块数据进行验证,否则即

使通过共识运算得到了新区块,但由于生成时间晚(以时间戳为准),也得不到其他节点的认可。

区块体中存放的是已经验证的一段时间内产生的交易数量(#vtx)以及完整的交易记录(vtx[ ]),这些信息构成了区块链中最为核心的数据结构,即交易的账本。所有的交易记录基于 Merkle 树的哈希计算,最后生成 Merkle 根(最后的哈希值),并记入区块头部的"Merkle 根"字段。具体描述如表 5-6 所示。

表 5-6 比特币区块体字段结构

字段	大小/byte	功能描述
#vtx	VarInt (1~9 bytes)	交易的个数
vtx[ ]	Transaction (Variable)	交易的载体

5.3.2 最长链及分叉

区块链是一个将每一个区块以生成时间为序链接而成的分布式数据库。在区块链结构中,对区块头中的前一区块哈希(Prev-block Hash)、随机数(Nonce)和 Merkle 根等元数据进行两次 SHA-256 运算即可得到该区块的哈希值。前一区块哈希(Prev-block Hash)字段用于存放前一区块的哈希值,所有区块按照生成顺序以 Prev-block Hash 字段为哈希指针连接在一起,就形成了一个区块链表,即一个完整的账本。链式结构中相邻区块之间的关系如图 5-7 所示。利用区块头中的"Merkle 根"(Merkle-root)字段可以通过哈希运算验证区块头部和区块体中的交易数据是否被篡改;利用区块头中的"前一区块哈希(Prev-block Hash)字段,可以通过哈希运算验证该区块之前直至创世区块的所有区块是否被篡改;依靠 Prev-block Hash 字段,所有区块之间依据创建时间环环相扣,如果其中任何一个区块被篡改,都将会引发在其后生成的所有区块的哈希值发生连锁改变。利用链式结构的可验证性特点,当一个节点从不可信节点下载了某些区块或整个区块时,可以通过哈希运算验证每个区块的正确性。

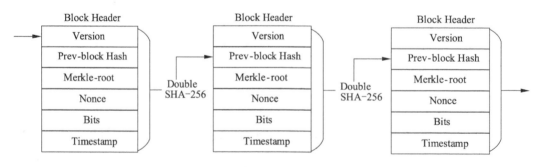

图 5-7 相邻区块之间的关系

在区块链中,所有节点在一个没有可信第三方统一协调的环境中几乎同时在同一个区块上挖矿,有可能会出现多个节点同时挖出不同新区块的现象,此现象称为分叉。根据区块链的工作机制,最终只允许其中一个区块得到确认。当分叉发生时,花费了最多算力的链被确定为主链。主链是最长链,记录了区块链数据的完整历史,能够提供区块链数据的溯源和定位功能,任意数据都可以通过此链式结构追本溯源。位于其他分支上的交易都将被引用或忽略。分叉不但影响了区块链系统的稳定性,还容易引起"双花"(双重花费)攻击。当分叉发生时,位于比特币分支节点上的区块(称为孤块)被丢弃。目前,比特币在连续产生 6 个区块后,当前的交易确定为不可逆,因此其交易确认时间为 60 min;以太坊在连续产生 12 个区块后,交易已基本不可逆,因此其交易确认时间为 3 min。

5.3.3　交易的格式规范

交易(transaction)是双方或多方以货币为媒介的价值交换,其实质是将比特币从一个账本转移到另一个或多个账本中。区块链的交易与银行的交易类似,通常就是转账,具体到每一笔交易,同样包括从哪儿来(交易输入地址)、到哪里去(交易输出地址)和发生了哪些变化(交易的数目)。通过交易,可实现数字货币资产的创建和转移,也可以对每笔交易进行溯源,直到找到挖矿所得的比特币。

比特币使用如图 5-8 所示的基于交易模型的数据结构,每笔交易包括交易输入(transaction input)和交易输出(transaction output)两部分。在某笔交易过程中可以将一个或多个账户中的比特币作为输入,转入另一个或多个账户中。在交易过程中,每笔交易还提供了当前交易软件的版本号(Version),用于将交易写入区块的锁定时间(Lock Time)以及交易的输入数量(#vin)和输出数量(#vout)等功能字段。

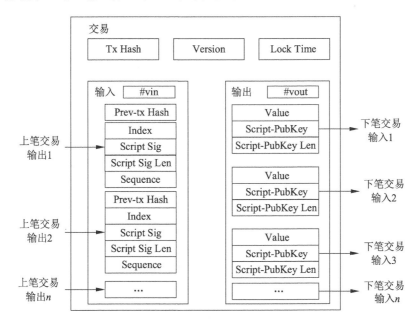

图 5-8　比特币交易的数据结构

每笔交易输入主要由上笔交易的哈希值(Prev-tx Hash)、上笔交易的输出索引(Index)、输入脚本(Script Sig)、输入脚本长度(Script Sig Len)和交易输入序列号(Sequence)组成;每笔交易的输出主要包括转账金额(Value)、输出脚本(Script-PubKey)和输出脚本的长度(Script-PubKey Len)。解锁脚本(输入脚本)与输入引用到的输出中的锁定脚本(输出脚本)的执行过程同步进行,用于验证本笔交易是否有效,当解锁脚本满足锁定脚本的条件时,则输入有效。比特币系统中的脚本语言是一种基于堆栈的执行语言,主要有P2PKH、P2PK、MS(仅限15个密钥)、P2SH和OP_Return等。交易中每个字段的功能描述如表5-7所示。

表5-7 比特币交易输入和输出结构中字段的功能描述

字段	大小/byte	功能描述
Version	int(4 bytes)	比特币软件的当前版本号
Lock Time	unsigned int(4 bytes)	交易的锁定时间
#vin	VarInt(1~9 bytes)	交易的输入数量
#vout	VarInt(1~9 bytes)	交易的输出数量
Prev-tx Hash	uint256(32 bytes)	上笔交易的哈希值
Index	uint(4 bytes)	上笔交易的输出索引
Script Sig	Cscript(Variable)	满足交易花费条件的脚本
Script Sig Len	VarInt(1~9 bytes)	Script Sig 字段的长度
Sequence	uint(4 bytes)	交易输入序列号
Value	int64_t(8 bytes)	转账的比特币数量
Script-PubKey	Cscript(Variable)	交易输出所需要的脚本
Script-PubKey Len	VarInt(1~9 bytes)	Script-PubKey 字段的长度

比特币使用交易输入和交易输出进行支付操作。具体到某笔交易输出来说,在该交易中的钱还没有花出去之前,它就是未花费的交易输出(unspent transaction outputs, UTXO)。与现金支付不同的是,现金支付的找零由收款人负责,而 UTXO 模型中的找零由发起者自行设置;现金支付的面值是固定的,而 UTXO 模型中的面值不固定,是根据不同的交易而定的。因此,在 UTXO 模型的交易过程中,支付方不仅要指出接收方的地址,还要指明找零地址。找零地址可以是支付方的地址,也可以由支付方指定一个地址。

当一笔交易的输出没有另一笔交易的输入与之对应时,说明该输出中的比特币未被花费。对于某个比特币地址来说,其 UTXO 的比特币之和即为该账户的比特币余额。另外,对于 UTXO 中的每笔输出都需要使用锁定脚本(locking script)将比特币锁定在账户中,当交易过程中需要引用 UTXO 中的输出时,需要使用该输出账户的公钥来验证签名的正确性,通过解锁脚本(unlocking script)来解锁引用账户地址中的比特币。

5.3.4　交易种类

在比特币系统中,交易主要有两种类型:铸币交易和常规交易。铸币交易是将新比特币引入系统的特殊交易,它们会作为第一次交易出现在每个区块中,并作为解决工作证明谜题的奖励。铸币交易没有输入,但至少有一个输出。而常规交易用来在不同用户之间转移现有的比特币,常规交易具有至少一个输入和至少一个输出。从架构的角度来看,铸币交易可以被视为常规交易的特殊情况。铸币交易输入和输出结构中字段的功能描述如表 5-8 所示。

表 5-8　铸币交易输入和输出结构中字段的功能描述

字段	大小/byte	功能描述
Version	int(4 bytes)	比特币软件的当前版本号
Lock Time	unsigned int(4 bytes)	交易的锁定时间
#vin	VarInt(1~9 bytes)	交易的输入数量
#vout	VarInt(1~9 bytes)	交易的输出数量
Prev-tx Hash	uint256(32 bytes)	上笔交易的哈希值
Index	uint(4 bytes)	上笔交易的输出索引
Coinbase	Cscript(Variable)	对区块高度和任意数据的编码
Coinbase Len	VarInt(1~9 bytes)	Coinbase 字段的长度
Sequence	uint(4 bytes)	交易输入序列号
Value	int64_t(8 bytes)	转账的比特币数量
Script-PubKey	Cscript(Variable)	交易输出所需要的脚本
Script-PubKey Len	VarInt(1~9 bytes)	Script-PubKey 字段的长度

从表 5-8 中可以看出,除了将签名脚本字段从 Script Sig 重命名为 Coinbase 外,交易的数据结构保持不变。

5.4　区块链智能合约的脚本语言

5.4.1　比特币区块链的脚本语言

脚本语言(scripting language)是为了缩短传统的"编写、编译、链接、运行"(edit-compile-link-run)过程而创建的计算机编程语言。早期的脚本语言经常被称为批处理语言或工作控制语言。通常,一个脚本是解释运行而非编译的,并且脚本语言都有简单、易学、易用的特性,目的是让程序员快速完成程序的编写工作。常见的脚本语言有 JavaScript、

PHP、Python、Perl、Ruby、C Shell、Nuva、Tcl 等。宏语言可视为脚本语言的分支,两者也有实质上的相同之处。

比特币系统中采用一种简单的、基于堆栈的、从左向右处理的脚本语言,一个脚本本质上就是附着在比特币交易上的一组指令的列表。比特币的交易验证依赖于两类脚本:一是锁定脚本;二是解锁脚本。二者的不同组合可在比特币交易中衍生出无限数量的控制条件。其中,锁定脚本是附着在交易输出值上的"障碍",规定以后花费这笔交易输出的条件;解锁脚本则是满足被锁定脚本在一个输出上设定的花费条件的脚本,同时它将允许输出被消费。举例来说,大多数比特币交易均是采用接收者的公钥加密和私钥解密,因而其对应的 P2PKH(pay to public key hash)标准交易脚本中的锁定脚本即是使用接收者的公钥实现阻止输出功能,而使用私钥对应的数字名加以解锁。

比特币脚本系统可以实现灵活的交易控制。例如,通过规定某个时间段(如一周)作为解锁条件,可实现延时支付;通过规定接收者和担保人必须共同私钥签名才能支配一笔比特币,可实现担保交易;通过设计一种可根据外部信息源核查某概率事件是否发生的规则并作为解锁脚本附着在一定数量的比特币交易上,可实现博彩和预测市场等类型的应用;通过设定 N 个私钥集合中至少提供 M 个私钥才可解锁,可实现 M-N 型多重签名,即 N 个潜在接收者中至少有 M 个同意签名才可实现支付。多重签名可广泛应用于公司决策、财务监督、中介担保甚至遗产分配等场景。

比特币脚本是智能合约的雏形,催生了人类历史上第一种可编程的全球性货币。比特币脚本系统中不存在复杂循环和流控制,这在损失一定灵活性的同时能够极大地降低复杂性和不确定性,并能够避免因无限循环等逻辑炸弹而造成拒绝服务等类型的安全性攻击。为提高脚本系统的灵活性和可扩展性,研究者已经尝试在比特币协议之上叠加新的协议,以满足在区块链上构建更为复杂的智能合约的需求。以太坊已经研发出一套图灵完备的脚本语言,用户可基于以太坊构建任意复杂和精确定义的智能合约与去中心化应用,从而为基于区块链构建可编程的金融与社会系统奠定了基础。

5.4.2 脚本语言的图灵完备性

比特币平台提供了处理交易的简单脚本,这些脚本是基于栈的一组指令,为了避免可能的漏洞与攻击,没有设计循环指令和系统函数,因而一般认为比特币脚本不是图灵完备的程序语言,比特币平台不存在严格意义上的智能合约。然而,中本聪证明了比特币脚本语言是图灵完备的,图灵完备性判定标准与是否有循环指令没有关系,没有循环指令同样可以执行循环操作。而新开发的 sCrypt 高级脚本语言封装了比特币脚本语言,可以像一般高级语言一样开发任意类型的智能合约。

以太坊自定义了 Solidity、Serpent 等图灵完备的脚本语言以开发智能合约,自定义脚本语言是为了实现特殊的合约功能。以太坊智能合约内置了表示"账户地址"的 address 数据类型,倾向于支持基于数字货币的支付应用。以太坊的合约账户和外部账户共享同一地址空间,合约地址能被看作一个外部账户地址,可通过向合约地址发送交易来调用智能合约。合约执行过程中依据占用的 CPU 和内存会消耗 Gas。Gas 由以太币兑换而来,一旦 Gas 耗尽,合约就会终止执行,消耗掉的费用也不会退回,从而防范了垃圾交易或含有死循环的智能合约。Solidity、Serpent 等图灵完备的编程语言在增强合约逻辑功能、降低合约编写难度的同时,也会带来潜在的安全风险。2016 年 6 月,以太坊上最大众筹项目 The DAO 的智能合约因递归调用漏洞而遭遇攻击,约 1200 万个以太币被非法转移,后虽通过硬分叉追回了损失,但 The DAO 项目宣布失败并解散。因此,Solidity 团队考虑整合形式化验证以保障智能合约代码的正确性。

Hyperledger Fabric 可基于 Go 和 Java 高级语言开发智能合约,这些高级语言不但图灵完备,编译技术成熟,而且可减轻合约编程者的学习门槛。Hyperledger Fabric 的智能合约被称为 Chaincode,倾向于支持通用的企业级应用,其是与区块链交互的唯一渠道及生成交易的唯一来源。编写合约实质是实现 Chaincode 接口中的 Init、Invoke 和 Query 三个函数,其分别用于实现状态数据的初始化、修改和查询。

5.4.3　支付脚本

(1) 支付到公钥(P2PK)

在支付到公钥的交易中,发送方直接将比特币转移给公钥的所有者,并在锁定脚本中指定了公钥(pubkey)和收款者必须满足的一个要求:拥有指定公钥(pubkey)所对应的私钥。

P2PK 交易的锁定和解锁脚本结构如图 5-9 所示。

```
scriptPubkey: <pubkey> OP_CHECKSIG
scriptSig:    <signature>
```

图 5-9　支付到公钥结构

(2) 支付到公钥哈希(P2PKH)

在支付到公钥哈希的交易中,发送方将比特币转移给 P2PKH 地址的所有者,并在锁定脚本中指定了比特币地址的公钥哈希(pubkeyHash)和收款者必须满足的两个要求:

① 拥有指定的比特币地址公钥哈希(pubkeyHash)所对应的公钥。

② 拥有公钥对应的私钥。

P2PKH 交易的锁定脚本和解锁脚本结构如图 5-10 所示。

```
scriptPubkey: OP_DUP OP_HASH160 <pubkeyHash> OP_EQUALVERIFY OP_CHECKSIG
scriptSig:    <signature> <pubkey>
```

图 5-10　支付到公钥哈希结构

（3）支付到脚本哈希（P2SH）

在支付到脚本哈希的交易中,发送方将比特币转移给 P2SH 比特币地址的所有者,并在锁定脚本中指定了比特币地址的序列化脚本哈希（scriptHash）和收款者必须满足的一个要求:拥有序列化脚本（赎回脚本）对应的脚本哈希（scriptHash）。

P2SH 交易的锁定脚本和解锁脚本结构如图 5-11 所示。

```
scriptPubkey: OP_HASH160 <scriptHash> OP_EQUAL
scriptSig:    <signatures> {serializedScript}
```

图 5-11　支付到脚本哈希结构

（4）多签名支付（Multisig）

在多签名交易中,发送方将比特币转移给 n 个公钥的所有者,并在锁定脚本中指定了 n 个公钥（pubkey1,…,pubkey n）和收款者必须满足的一个条件:至少拥有 m 个与公钥对应的私钥（$m<n$）。

Multisig 交易的锁定脚本和解锁脚本结构如图 5-12 所示。

```
scriptPubkey: m <pubkey 1> ... <pubkey n> n OP_CHECKMULTISIG
scriptSig:    OP_0 <signature 1> ... <signature m>
```

图 5-12　多签名支付结构

5.4.4　智能合约模式

智能合约是用程序语言编写的商业合约,在预定条件满足时,能够自动强制地执行合同条款,实现"代码即法律"的目标。区块链的去中心化使得智能合约在没有中心管理者参与的情况下,可同时运行在全网所有节点,任何机构和个人都无法将其强行停止。

比特币中的智能合约是通过执行 UTXO 上的锁定脚本和解锁脚本来实现的,这些脚本算是智能合约的雏形。比特币是基于交易的密码货币,它不像基于账户的密码货币（如以太币）那样可以直接查询账户的余额,而需要通过 UTXO 来计算交易地址的余额。比特币的每笔交易由多个交易输入和多个交易输出组成,交易输入中包含 UTXO 和解锁脚本,交易输出中包含比特币的数量和锁定脚本。当发生一笔交易时,每个 UTXO 的解锁脚本和锁定脚本同时执行,并根据结果决定是否能够完成本笔交易。脚本直接嵌入在区块链的核心代码中,由比特币钱包（bitcoin core）生成并执行。比特币系统中的智能合约模式主要有两种,即链上执行模式和挂载执行模式。

链上执行模式,简称链上模式,如图 5-13 所示。链上模式需要智能合约程序运行在所有节点,现在支持智能合约的区块链几乎全部采用链上模式。链上模式的缺点在于,以当前的技术水平,一个节点不可能运行所有的程序,从而限制了其运行大规模程序的可能性。

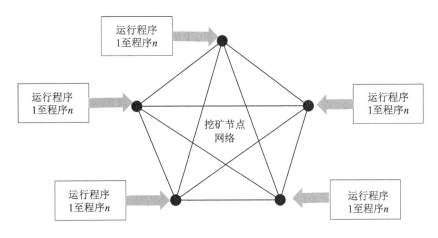

图 5-13　链上执行模式

挂载执行模式,简称挂载模式,如图 5-14 所示。在挂载模式下,区块链矿工节点不执行程序,只存储数据。挂载模式具有以下特点:

① 扩容:矿工节点只验证存储,允许大规模扩容,不易拥堵。

② 任意开发语言:接口层向下屏蔽区块链公共层,向上提供以任意开发语言封装的数据操作。

③ 避免法律问题:矿工只存储、不执行,免责法律问题。例如对于违法视频,硬盘厂商不会被追责,而传播者会被追责。区块链相当于基础存储带,内容审查责任应该偏重于应用层。

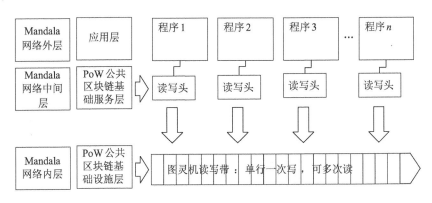

图 5-14　挂载执行模式

5.4.5　智能合约的在线编程

比特币系统采用了一种基于脚本解释器的区块链交易合约架构。该脚本解释器采用一种含有一百多条指令的新计算机指令系统,并采用"栈结构"构造了脚本指令的运行环境。尽管不支持循环和递归机制,但是其脚本易于编写和阅读,并支持密码协议设计,因此,比特币系统是目前最简洁且高效的智能合约设计之一。它具有去中心化、总量固定、可自由兑换、匿名性等特点,有利于密码技术在区块链中的灵活应用与实现。

(1)比特币脚本的指令系统

存储在交易中的公钥脚本(script pubkey)和签名脚本(script sig)字段中的锁定和解锁脚本使用专门为比特币开发的脚本语言进行编码。该语言是一种基于栈的语言,即它使用栈结构实现脚本输入参数的存储和运算。

比特币脚本被构建在一种特有的指令系统之上。在计算机系统中,指令系统通常是计算机硬件的语言系统,也叫机器语言,指机器所具有的全部指令的集合。它是软件和硬件的主要界面,反映了计算机所拥有的基本功能。因此,拥有指令系统的比特币脚本也趋于成为一种独立的计算机系统。

不同计算机的指令系统包含的指令种类和数目也不同,一般均包含算术运算型、逻辑运算型、数据传送型、判定和控制型、移位操作型、位操作型、输入和输出型等指令。比特币中脚本系统的指令采用后缀表达式,即将运算符写在操作数之后。操作指令由"OP_"开头,后面接英文操作名,如OP_ADD、OP_AND。操作指令将被编码为一个字节,如字节0x93用于表示加法运算符OP_ADD,该字节值称为运算符的操作码。在操作指令之前的是操作数列表,根据指令不同它可包含零个或多个操作数,如OP_NOP是无操作数的空指令、<a> <b>OP_ADD是双操作数加法指令等。操作数只支持立即寻址方式。

在比特币脚本系统中常用的指令包括堆栈处理指令、流程控制指令、加密签名指令、逻辑操作指令和算术操作指令。表5-9中为部分比特币脚本指令。

表5-9 部分比特币脚本指令

指令	功能描述	指令类型
OP_DUP	数据复制操作	堆栈处理指令
OP_DROP	删除栈顶元素	堆栈处理指令
OP_SWAP	交换栈顶的两个元素	堆栈处理指令
OP_RETURN	标记交易无效	流程控制指令
OP_VERIFY	若栈顶元素为false,则标识交易无效;若为true,则标识交易有效	流程控制指令
OP_HASH256	进行Hash散列计算	加密签名指令
OP_CHECKSIGVERIFY	进行签名验证	加密签名指令
OP_EQUAL	判断是否相等	逻辑操作指令
OP_EQUALVERIFY	判断是否相等后进行脚本流程控制判断;若栈顶元素为false,则标识交易无效	逻辑操作指令
OP_ADD	加	算术操作指令
OP_SUB	减	算术操作指令
OP_MAX	取最大值	算术操作指令
OP_MIN	取最小值	算术操作指令

（2）比特币脚本的执行过程

比特币脚本是由若干指令组成的指令序列。例如,判定等式 2+3=5 的脚本可表示为

<2> <3> OP_ADD <5> OP_EQUAL

其中,< >中的值为操作数,并且脚本采用了逆波兰式(reverse polish notation,RPN)的表达形式。该脚本将在栈结构中被脚本解释器执行。脚本解释器要执行一个包含 n 个参数的脚本指令,首先将参数推送到堆栈上,然后根据读取的操作码,解释器直接从堆栈读取这 n 个值来执行计算,并将返回值存储在堆栈上。因此,这种栈运行方式不需要变量来存储参数或返回值。

表 5-10 中给出了前述脚本的运行过程。首先,脚本解释器将操作数<2>和<3>压入栈中。其次,脚本解释器在接收到 OP_ADD 指令后将两个栈顶操作数相加,得到的结果<5>被置于栈顶,然后操作数<5>被压入栈中。最后,脚本解释器在接收到 OP_EQUAL 指令后将两个栈顶元素进行比较,并将结果"真"值<true>置于栈顶,运算结束。因此,5 步运算后脚本解释器即可输出最终结果。与通用语言相比,脚本运行方式具有功能有限的缺点,例如,它不支持循环。但它也有实现方便、便于编程、灵活性强等优点,而且不存在脚本执行不停机等异常现象,因此易于被比特币等轻量级区块链系统所采用。总之,比特币脚本特点可归纳为三点:脚本内存访问采用栈结构、脚本不含有循环、脚本执行总能终止。

表 5-10　脚本运行过程

	栈	脚本	描述
0	空	<2><3>OP_ADD<5>OP_EQUAL	初始
1	<2>	<3>OP_ADD<5>OP_EQUAL	<2>入栈
2	<2><3>	OP_ADD<5>OP_EQUAL	<3>入栈
3	<5>	<5>OP_EQUAL	计算 OP_ADD
4	<5><5>	OP_EQUAL	<5>入栈
5	<true>	空	相等比较

5.5　农产品数据的链上操作

农产品数据的链上操作通常需要依赖第三方的开发包,常用的比特币区块链开发第三方库有 TAAL API、WoC API 和 BsvSimpleLibrary。TAAL、WoC 和 BsvSimpleLibrary 都通过简单的 REST API 提供对 BSV 区块链的区块、交易、地址活动、链上数据、统计信息等的访问,也可以用来进行交易的发送、查询和读写操作。本书使用 BsvSimpleLibrary 对农产品数据的链上操作进行说明。BsvSimpleLibrary 是基于 .NET 平台的,相关的业务代码需要使用 C#进行编写。

5.5.1 区块链交易的发送操作

区块链交易的发送操作使用 BsvSimpleLibrary 中的 bsvTransaction_class 类的 send 方法。该方法可以广播一条交易,将发送者地址上的比特币转移到指定的地址上。send 方法的参数说明如表 5-11 所示。

表 5-11 send 方法的参数说明

参数名	描述
privateKeyStr	发送者私钥
sendSatoshi	转账金额
network	网络类型
destAddress	收款人地址
changeBackAddress	找零地址
opreturnData	写入交易中的 opreturn 数据
feeSatPerByte	每比特的手续费
donationSatoshi	捐赠金额

使用 bsvTransaction_class.send( )进行交易发送操作的具体代码如图 5-15 所示。

```
// 区块链交易的发送操作
// 链上操作接口地址
string uri = bsvConfiguration_class.RestApiUri;
// 网络类型
string network = bsvConfiguration_class.testNetwork;
// 发送方私钥
string privateKeyStr = "cNsPseEvmqPtsEDQDn8X5FWSWTZGhHRVcSwGzrSWehjwVju56riW";
// 收款人地址
string destAddress = "mxe34JQpFvKcUjJ2pA6NK2HfAEe5nVuc2j";
// 区块链交易的发送操作
response = bsvTransaction_class.send(privateKeyStr, 100, network, destAddress, null, null, 1, 0);
```

图 5-15 交易的发送操作

上述代码从发送者地址转移了 100 satoshi 的比特币到指定地址。转账交易的结果可以通过比特币钱包或是比特币在线查询网站进行查询。图 5-16 和图 5-17 分别为比特币钱包和比特币在线查询网站的查询结果。

图 5-16　比特币钱包查询结果

图 5-17　比特币在线查询网站查询结果

5.5.2　区块链交易的查询操作

区块链交易的查询操作使用 RestApi_class 类的 getTransaction 方法。该方法可以获取给定交易 id 的详细信息。使用 getTransaction 方法查询区块链交易信息的具体代码如图 5-18 所示。

```
// 区块链交易的查询操作
// 链上操作接口地址
string uri = bsvConfiguration_class.RestApiUri;
// 网络类型
string network = bsvConfiguration_class.testNetwork;
//交易id
string txid = "7064ed10a58c1cc6a501b9692d24922511c47b3f2d63abe27d59439914bd0de1";
//区块链交易的查询操作
RestApiTransaction tx = RestApi_class.getTransaction(uri, network, txid);
```

图 5-18 查询区块链交易信息代码

区块链交易查询操作使用发送操作中生成的交易 id 进行查询,图 5-19 中显示了交易查询结果的部分数据。其中,value 字段是转账的金额,addresses 字段是收款人地址,type 字段是支付脚本的类型。

```
▼ {
      "value": 0.000001,
      "n": 0,
   ▼ "scriptPubKey": {
         "asm": "OP_DUP OP_HASH160 bbd106a1e5bf8f9a99f6b51e107ae45dabb4f9b8 OP_EQUALVERIFY OP_CHECKSIG",
         "hex": "76a914bbd106a1e5bf8f9a99f6b51e107ae45dabb4f9b888ac",
         "reqSigs": 1,
         "type": "pubkeyhash",
      ▼ "addresses": [
            "mxe34JQpFvKcUjJ2pA6NK2HfAEe5nVuc2j"
         ],
         "isTruncated": false
      }
   },
```

图 5-19 交易查询结果的部分数据

5.5.3 区块链交易的读写操作

区块链交易的写操作是指将数据写入交易中并广播出去。写操作同样使用 bsvTransaction_class 类的 send 方法,只是传递的参数略有不同。在写入数据时可以不必传入转账金额和收款人地址。农产品数据写入操作的具体代码如图 5-20 所示。

```
// 区块链交易的写操作
// 链上操作接口地址
string uri = bsvConfiguration_class.RestApiUri;
// 网络类型
string network = bsvConfiguration_class.testNetwork;
// 发送方私钥
string privateKeyStr = "cNsPseEvmqPtsEDQDn8X5FWSWTZGhHRVcSwGzrSWehjwVju56riW";
// 上链数据
string opReturnData = "产品:玫瑰香葡萄(散)|市场:鲁中水果批发市场|进货时间:2021-08-13 00:00:00|
                      冷藏:false|产品批次:3703021220025716|产品名称:SXZZ";
// 区块链交易的写操作
bsvTransaction_class.send(privateKeyStr, 0, network, null, null, opReturnData, 1, 0);
```

图 5-20 农产品数据写入操作代码

写入后的结果可以在比特币区块链在线查询网站上查看,图 5-21 所示为 opreturn 数据写入结果。

图 5-21　opreturn 数据写入结果

区块链交易的读取操作是指读取交易上写入的 opreturn 数据,读取操作使用 RestApi_ class 类的 getOpReturnData 方法。该方法可以获取只读交易上写入的 opreturn 数据。读取操作的具体代码如图 5-22 所示。

```
// 区块链交易的读取操作
// 链上操作接口地址
string uri = bsvConfiguration_class.RestApiUri;
// 网络类型
string network = bsvConfiguration_class.testNetwork;
//交易id
string txid = "40f626516b5819baf023778ad34f7cb96ca7a8b0df1bfd25aace04e56d88443a";
// 区块链交易的读操作
string s = RestApi_class.getOpReturnData(uri, network, txid, bsvConfiguration_class.encoding);
```

图 5-22　读取操作

读取操作对写入操作中生成的交易 id 进行读取,图 5-23 展示了区块链交易读取操作结果的部分数据。其中,type 字段表明当前读取的交易是 opreturn 类型的,并且从 parts 字段可以证明农产品数据已经被成功写入区块链。

```
"vout": [
 {
     "value": 0,
     "n": 0,
     "scriptPubKey": {
        "asm": "0 OP_RETURN OP_UNKNOWN OP_UNKNOWN OP_SHA1 OP_UNKNOWN OP_ADD OP_BIN2NUM
        e78eabe791b0e9a699e891a1e8908428e695a3297ce5b882e59cba3ae9b281e4b8ade6b0b4e69e9ce689b9e50f91e5b882e59cba7ce8bf9be8b4 OP_SHA1
        OP_UNKNOWN OP_MOD OP_NOP7 OP_UNKNOWN OP_MOD OP_NOP5
        323032312d30382d31332030303a30303a30307ce586b7e8978f3a66616c73657ce4baa7e59381e689b9e6aca13a33373033330323132323030302
        [error]",
        "hex": "006ae4baa7e593813ae78eabe791b0e9a699e891a1e8908428e695a3297ce5b882e59cba3ae9b281e4b8ade6b0b4e69e9ce689b9e58f91e5b882
        e59cba7ce8bf9be8b4a7e697b6e997b43a323032312d30382d31332030303a30303a30307ce586b7e8978f3a66616c73657ce4baa7e59381e689b9e6aca13
        a333730333303231323230303032353731367ce4baa7e59381e5908de7a7b03a53585a5a",
        "type": "nonstandard",
        "opReturn": {
           "type": "OP_RETURN",
           "action": "",
           "text": "",
           "parts": [
              "\ufffd\ufffd品:玫瑰香葡萄(散)|市场:鲁中水果批发市场|进货时间:2021-08-13 00:00:00|冷藏:false|产品批
              次:3703021220025716|产品名称:SXZZ"
           ]
        },
        "isTruncated": false
     }
  }
],
```

图 5-23　读取操作结果的部分数据

第6章　区块链赋能的可信溯源监管模型和方法

6.1　农产品追溯模型的可信性需求

我国是农业大国,传统粗放型的农业发展模式已经无法适应现代农业发展的需要,而新时代区块链技术的发展趋势为现代农业发展提供了新思路。由于区块链技术能够确保数据不被篡改,使数据记录更加透明,使消费者对农产品流通的每一个步骤都了如指掌,大大提高了可信度,因而在农产品供应链方面得到了快速发展。在乡村振兴背景下,我国农村地区虽然已经初步形成了广覆盖、多层次、多元化的农产品供应链体系,但是质量安全不确定等问题依然存在。因此,构建农产品供应链的溯源系统显得极为重要,"区块链+农产品供应链"的模式就是重点研究区块链技术如何助力农产品供应链溯源的。目前我国农产品溯源主要依赖国家的中心数据库,同时存在以下问题。

（1）供应链数据不透明

以往在农产品物流供应链中,农产品信息的数据采集采用手工、条码和标签等方式。在对供应链做决策时,依据过时的信息与数据,常常不能做出最优的供应链决策;对农产品质量安全管理也存在数据不准确、不翔实等困难。

（2）各级数据存储情况不透明

农产品的数据大多存储在承运方和仓储企业的中心化数据库中,货主无法方便地获取数据,资源共享难度大。中心数据库记录的方式可靠性不高,重要数据需要进行冗余备份。

（3）社会公信程度低

社会信任是农产品质量安全追溯体系模型建设的目标,其核心是农产品标识、生产过程记录和追溯信息管理系统。标签是追溯信息的主要载体。研究显示,消费者对可追溯农产品标签所携带信息的认知水平和信任程度普遍较低;加之部分企业造假风气盛行以及虚假广告泛滥,消费者无法辨别追溯信息的真实性,而缺乏诚信基础的农产品质量安全追溯信息毫无现实意义。同时,随着人们对食品安全意识的提高,越来越多不同层次的消费者对农产品的安全、健康、质量保障意识的需求不断增加。众所周知,基于国家检测标准的食品安全已经不能满足人们的需求;第三方认证也仅仅是流程的认证,无法时刻监督生产现场。在信用缺失的大环境下,国内农产品安全事故频发,消费者对农产品质量和供应链的信任度逐渐下降。以往农产品追溯工作的重心通常被放在供应链的完整覆盖与溯源数据的全面采集上,而忽略了数据的安全存储,导致溯源数据可靠性差,主要体现在两个方面:第一,溯源数据易丢失。传统农产品追溯系统的数据存储结构是中心化的,溯源数据都会被存储到一个集中式的数据库,如果出现存储介质故障或数据库崩溃,溯源数据就会遭到破坏而丢失,这就导致消费者无法得知农产品的信息而怀疑农产品追溯的真实性。第二,溯源数据易被篡改。传统农产品追溯系统的数据库通常是明文存储,且数据库被存放在农产品生产企业自己的服务器中,生产企业因为利益等因素私自篡改数据库的事件时有发生,进而严重打击了消费者对溯源结果的信任度。

(4) 数据分散,无法系统整合,共享难度大

由于我国现有农产品溯源系统开发目标和原则不同,溯源信息内容不规范、信息流程不一致、系统软件不兼容,因此溯源信息不能共享和交换,种植、加工、存储、运输等环节的数据无法进行有效整合。而区块链技术的去中心化、开放性、自治性、匿名性、信息不可篡改、信息可溯源等特点,为这些问题提供了全新的思路与解决方案。

溯源作为一个能够连接产品流通各环节、对产品进行不定向追踪管理的生产控制系统,对保障产品的质量安全具有重要意义。在传统的溯源体系中,存在着信息不准确、不透明、不安全等问题;而区块链为农产品溯源体系模型的构建提供了技术支持。只有将区块链技术与溯源技术相结合,才能实现真正意义上的溯源,切实保障供应链上全体成员以及广大人民群众的权益。

6.2　基于区块链的农产品溯源

6.2.1　基于区块链的农产品可信追溯框架

区块链的可追溯性是指将信息上传至区块链中的各个区块,每个区块都有前一区块的哈希值,只有识别了正确的哈希区块才能上链,这就保证了信息可溯源。区块链原理如图 6-1 所示。

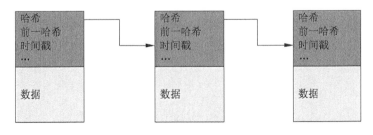

图 6-1　区块链原理图

以区块链技术为基础的溯源系统与过去以传统技术为基础的溯源系统相比,前端的数据采集工作区别不大,优势主要区别在后端(见表 6-1)。后端的区别在于,区块链技术

能提供新的溯源工具,方便消费者查询农产品的安全信息;同时区块链具有去中心化的特点,各节点之间可以相互通信并通过链上实时共享数据;此外,所有节点必须履行共同维护数据可靠性的义务。

表 6-1　区块链溯源技术与传统溯源技术的区别

分类	传统技术	区块链技术
前端	利用各种传感器、信息采集终端等设备完成数据的采集工作	与传统技术区别不大
后端	根据商家制作的防伪码进行溯源,容易被仿制	区块链为溯源业务提供了新工具,可以通过RFID 芯片或二维码、条形码等查询信息
信息被篡改	中心化的存储模式,数据易被有权限方篡改	以数字化的方式录入,可减少人工参与,保护数据不被篡改
安全性	中心化的存储模式,数据易受攻击	去中心化的存储模式,任意一个节点被破坏都不会影响整个系统的正常运转
透明度	只有结果,不展示过程,数据不够透明、真实	数据从录入、修改到最终确定,全程都会被自动记录,可保障数据的高度透明和真实
自治性	高度依赖国家中心数据库,自治性差	采用基于共识机制创造的算法,去除人为因素的干扰,高度自治

基于区块链技术构建的农产品质量安全溯源体系架构,以区块链系统层次结构为基础,叠加农产品质量安全溯源体系的运作规则。此外,由于农产品产业链整个环节涉及主体众多,增加了农产品信息追溯的难度,而区块链技术的优势在于为溯源系统提供良好的数据存储方案,可是区块链技术不具备从源头上防止虚假信息写入区块链的功能,故引入物联网技术动态跟踪农产品状态,为农产品信息的客观性、真实性创造条件。物联网技术经过多年的发展已经相当成熟,物联网技术与区块链溯源体系相结合会使溯源技术更加智能化和便捷化,同时物联网技术也会让信息变得更加可靠。因此,物联网技术与区块链溯源技术相结合,是溯源技术的发展趋势。

图 6-2 所示为基于区块链的农产品溯源系统。作为一种分布式和去中心化的技术,区块链是由加密哈希链接的一组带有时间戳的块。它已经成为分散的公众共识,与数字分布式数据库协调交易活动。基于区块链的可追溯性,提出追踪农产品信息的需求,将有助于更有效地追溯业务中的物料和信息流。因此,区块链将提高信息的安全性和透明度,并通过 IoT 设备为农产品的信息获取和持久性做出可持续的可追溯管理。

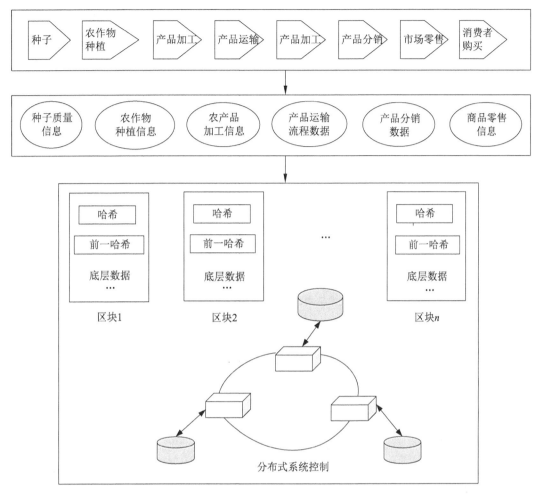

图 6-2　基于区块链的农产品溯源系统

6.2.2　区块链技术与物联网技术相结合的农产品可追溯系统

图 6-3 所示为区块链技术与物联网技术相结合的农产品可追溯系统。首先,在每个可追溯业务流程中通过物联网技术将数据记录并上传至区块,然后利用区块链信息的高透明度、去中心化、无法篡改等特性完成溯源。

(1) 生产阶段

农民使用种子来种植农作物,并在区块中记录种子的信息(如出苗率、真实性、活力、一致性等),以便追溯种子的来源。农作物成熟时,农民将本季度农作物的产量和质量情况上传,可追溯性信息包括耕种背景环境(如土壤、水、温度和湿度质量)、耕种人员、日期、时间、农药品种的来源和应用、灌溉、施肥等。

(2) 加工及包装阶段

加工阶段涉及将一个主要产品全部或部分转化为一个或多个其他次级产品的过程。

随后进入包装阶段,可追溯性信息包括加工条件,如加工设备、时间、批次转换、包装信息、消毒方法、操作员和最终产品标签信息等。在该阶段中,每个包装可以通过 RFID 记录包含生产日期和使用的原材料列表等在内的信息,并生成唯一编码。

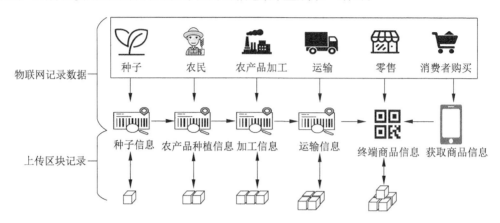

图 6-3 区块链技术与物联网技术相结合的农产品可追溯系统

（3）运输阶段

经过加工及包装阶段,农产品进入运输阶段,使用物联网传感器设备可以获得与物流和冷藏相关的可追溯信息。在冷藏容器区域中部署环境传感器和 GPS 传感器,可以监视和收集要存储在区块链系统中的物流和冷藏环境信息,可追溯信息在这一阶段包括运输的方式、车辆信息、发货时间与到货时间,它们都将被记录在区块中。

（4）消费阶段

消费者是整个区块链的最终用户。在购买产品前,消费者可以查询到本产品的信息,如质量标准、原产国、生产方法等。

6.2.3 基于区块链的农产品追溯系统的架构与特点

（1）基于区块链的农产品追溯系统的架构

如图 6-4 所示,追溯系统的框架从下至上包含以下层次:

① 数据采集层。在供应链的运行过程中,各环节通过人工记录或环境传感器、扫描仪、RFID 标签等物联网设备采集关键的溯源数据。

② 网络层。溯源数据通过 WLAN、蓝牙、数据通信等无线网络和有线网络上传至追溯系统。

③ 共识层。共识层的作用是确认数据来源并运用共识机制确定上链数据,是区块链运行过程中的重要环节。以 Kafka 共识机制为例,数据由客户端提交给区块链节点,经过 MSP 身份验证数据来源合法、背书节点模拟执行并生成数字签名、提交至排序节点汇总等一系列程序后,最终由记账节点将数据追加在区块链中。不同的区块链平台和共识机制实现起来也会有所区别。

④ 存储层。存储层的区块链有超级账本、以太坊等多种实现方式,具有数据不可篡改的特性,因而能够保证农产品追溯数据的保真性和溯源结果的可信性。

⑤ 应用层。应用的使用者大体分为三类:系统管理员、质量监管部门、消费者。其中,系统管理员是追溯系统中各环节使用者的统称。系统为这三类用户分别定制了不同的应用:对于系统管理员,可以进行溯源数据录入、查询,系统升级、维护;对于质量监管部门,可以查阅溯源数据,对数据进行监控并发布农产品质量安全警告;对于消费者,可以查询溯源信息并提出建议或投诉。

⑥ 交互层。交互层提供了丰富的人机交互方式,如网页应用、商场的查询终端、手机中的微信小程序或手机 App 等,用户可以方便地登录追溯系统。

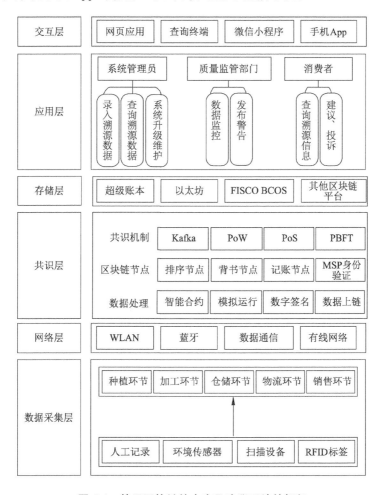

图 6-4　基于区块链的农产品追溯系统的框架

(2) 基于区块链的农产品追溯系统的特点

① 溯源数据的安全存储。利用区块链保存溯源数据,对数据安全有两方面的保障。一方面,区块链可以确保上链数据的不可篡改性和溯源结果的可信性;另一方面,区块链可以确保数据的隐私安全性。

② 数据的安全共享。联盟链的网络环境是安全的,每个节点都会分配独有的密钥,其身份信息也是明确的。区块链的各参与方以此为基础进行数据的安全共享,可以有效提高数据的利用率,对农产品供应链起到积极的推动作用。

6.3　边缘用户机制

在农产品供应链中会产生很多的用户,如生产农产品的用户、加工农产品的用户、存储农产品的用户、运输农产品的用户,以及供应商、零售商、购买的消费者等。为此定义了一个边缘用户的概念,边缘用户即使用追溯系统的农户、加工人员、仓库管理员等供应链中的角色。这些角色需要在农产品溯源系统中写入、修改或读取农产品的信息,作用于供应链某一环节或多个环节。本节主要介绍边缘用户机制的设计背景,边缘用户的注册、登录过程,以及边缘用户的权限控制。

6.3.1　边缘用户机制设计的背景

现有基于区块链的追溯系统通常是一个节点对应一个用户,由于区块链系统中的节点会占用资源且数量有限,因此将边缘用户划分为两个部分:一部分是农产品供应链中的企业、区块链管理机构、监管机构等,它们作为区块链的参与者,分配节点及对应密钥;另一部分是农户、生产车间操作人员、某销售点负责人等,他们作为追溯系统的使用者、溯源数据的录入者,不分配节点,通过账号密码的方式登录追溯系统。为此设计了边缘用户机制,对边缘用户如何注册登录、如何控制用户的权限等一系列机制进行讲解。

6.3.2　边缘用户的注册

用户注册时,注册板块会审核注册信息格式是否有误、信息是否重复注册,审核通过后会生成用户账号。边缘用户的注册过程如下:

① 如果是第一次注册,用户须填写自己的身份证号码、手机号码、邮箱、密码等个人信息和所负责的环节工作等供应链信息;如果已有账号,只须填写手机号码、密码和所负责的环节工作等供应链信息。信息填写完毕,用户向注册板块发送注册请求。

② 注册板块检查申请信息的格式是否完整、内容是否完善,计算密码的哈希值并以此替代密码,准备就绪后将注册信息发送给系统。

③ 系统在收到注册信息后会先区分注册类型,即注册用户是新用户还是老用户。若是新用户,则检查用户是否重复注册或是否存在相同的电话、邮箱,检查无误后自动生成一个账号作为用户的唯一标识,并赋予其默认的对所在环节账本的数据操作权限(可读可写),最后将数据存储在区块链账本中;若是老用户,则在区块链账本中增加对该环节操作的权限信息并赋予默认操作权限(可读可写)。

6.3.3　边缘用户的登录

用户登录时,登录板块会对用户的账号、密码进行核对。其中,密码以其哈希值的形式存放,当用户输入登录密码时,登录板块的程序会计算密码的哈希值并与区块链账本中的哈希值比对,通过后才准许用户上线并进行后续操作。

边缘用户登录的数据流及步骤与边缘用户的注册相似,具体如下:

① 用户填写手机号码和密码作为登录凭证,并向登录板块发送登录请求。

② 登录板块检查登录信息的格式和内容,并将密码用其哈希值代替,准备就绪后将请求发送至系统并注明此数据是用户登录信息。

③ 系统接收到用户登录信息后会核对该用户是否存在、密码哈希值是否一致,核对无误后将用户账号、操作权限等数据一并打包回传给登录板块。

④ 登录板块检查用户是否可操作此环节,然后检查其在本环节的操作权限,以控制该用户对本环节数据的操作。

⑤ 至此,登录完成。

6.3.4　边缘用户的权限控制

边缘用户权限控制是指当用户录入某环节数据时,系统会查询用户的操作权限,即用户可以对哪些环节的数据进行操作。

通常边缘用户的操作权限分为 3 种:

① 可读可写。用户可以读取自己所提交的数据,并可以添加新的数据。

② 只读。用户只可以读取自己所提交的数据,但是不可以添加新的数据。

③ 不可读不可写。用户既不可以读数据,也不可以添加数据。

系统需要对边缘用户的读写权限进行控制。首先,当边缘用户出现有违行业道德的行为或被监督机构处罚时,就要被剥夺继续向系统中录入数据或从系统中读出数据的权利;其次,用户注销时视为其主动放弃了对环节数据的操作权利,系统也会禁用其数据操作权限,这里的权限指的是边缘用户对当前环节中自己的数据进行操作的权利。

系统会在边缘用户登录后返回包含其权限信息的用户数据,权限信息的内容包含账本所属环节标识码和操作权限代码两部分(见图 6-5)。在用户注册时,环节标识码随着注册请求发送至用户服务模块;操作权限代码是二进制码,读权限和写权限分别用 1 和 0 表示,1 表示可读操作,0 表示不可读操作。用户数据中包含针对不同环节进行账本读写操作的多条权限信息。

账本所属环节标识码	操作权限代码

图 6-5　边缘用户权限信息内容

6.4 动态追踪机制

动态追踪机制,即供应链环节的前后衔接顺序可以依据实际的生产活动动态地做出相应改变,哪些环节会被追加是"边生产边决定"的,而不是按照已经排列好的方案将供应链所有环节固定。例如,种植环节的产品可以发往加工环节,也可以发往仓储环节,而不是必须先发往加工环节再发往仓储环节。

下面以假设的一种农产品供应链的"种植—仓储—物流—加工—仓储—物流—销售"流程为例,展示追溯系统追踪过程,如图 6-6 所示。

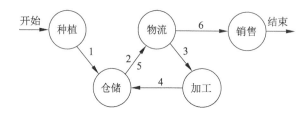

图 6-6　农产品供应链示例流程图

① 农户通过信息采集设备或手动录入等方式将溯源数据提交至种植环节,由种植环节服务程序接收并追加农户账号后存储于种植环节的区块链账本中。

② 在种植环节输出产品时,农户填写产品信息、选择下一环节、填写接收用户的手机号码并提交数据,由种植环节板块来生成这批产品的溯源码,与其他相关数据一起打包存入账本中,同时向系统提交转发数据请求,请求的内容包含本产品的溯源码、原料溯源码、目标环节、目标用户等信息。

③ 系统在接收数据后,首先检查目标环节是否存在且处于在线状态,无误后对目标用户进行验证,核对该用户是否存在并在目标环节中激活数据操作权限,无误后将目标用户的账号反馈至种植环节板块,种植环节板块整合数据后向目标环节发送来自种植环节的转发请求。

④ 数据被发送至仓储环节板块后,仓储环节板块再将数据发送给目标仓储商。在仓储商登录追溯系统时会显示相应的消息提示,仓储商可以接收或者拒绝。这里仓储商选择接收,然后仓储环节板块会将用户的选择结果发送至系统,并附上数据的来源环节、来源用户。

⑤ 系统检查来源环节是否存在,再将数据转发至种植环节板块。

⑥ 种植环节板块接收数据,检查到仓储商的选择结果是接收,随即将种植环节的输出产品的信息发送给系统,由其转发给销售商,并给农户发送"仓储商已接收"的消息提示。如果仓储商选择拒绝,服务程序就会给农户发送"仓储商拒绝接收"的消息提示,农户可以重新填写目标环节及用户。

⑦ 系统收到种植环节的信息后,检查信息发现仓储环节同意接收数据,随即将种植环节的输出产品及输入原料的溯源码备份并存储上链,然后将种植产品的数据发送给仓储环节板块。

⑧ 仓储环节板块收到数据后,将其作为仓储环节的输入,由目标仓储商进行下一步操作。

⑨ 仓储环节的仓储商完成操作后会重复种植环节中农户的数据转发操作,先将数据发送至物流环节模块,再连续经过加工、仓储、物流环节,直到销售环节。

⑩ 销售环节接收到数据后,将数据存储至销售环节的区块链账本中,在销售过程中通过扫描设备或手动录入等方式记录产品销售情况,销售服务程序生成溯源码并将其与销售情况打包存入账本中。至此,追溯系统追踪过程结束。

6.5 快速溯源机制

农产品溯源是指追踪农产品(包括食品、生产资料等)进入市场各个阶段(从生产到流通的整个过程)的追溯过程,涉及农产品产地、加工、仓储、物流、批发及销售等多个环节,有助于质量控制和在必要时召回产品。采用农产品可追溯机制可以实现产品源头到加工流通过程的追溯,保证终端用户购买到放心产品,防止假冒伪劣农产品进入市场。

目前,主流农产品溯源机制主要是内部溯源与外部溯源相结合的双层溯源,如图6-7所示。这种传统的溯源方式存在以下问题:

① 信息容易丢失、被篡改,地区性农产品信息共享难度大,数据传递效率低,第一级农产品(农作物)溯源难度大。

② 系统复杂,监管方信息重叠或矛盾,监管压力大。

③ 各级用户难以信任数据的真实性。

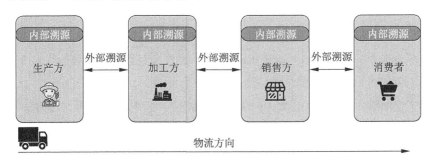

图6-7 传统农产品溯源方式

区块链的追溯机制对农业产品具有深远的影响。与物联网设备结合后,它可以克服信息安全性和透明度方面存在的问题。

① 信息安全。共识机制的构建,使得信息存储在基于区块链的可追溯性系统中更加可靠,数据的完整性和安全性增强。此外,它提供了高度不变性和信息完整性,并且在连

接到物联网设备时能够提高交易效率。

② 技术优势。信息通过加密操作存储在多个分类账数据库中,很难被攻击。共识机制确保所有参与者在可追溯过程中达成共识时,信息不被篡改。

③ 确保供应链安全协作。跨组织业务流程的互操作性与集成用分布式服务来执行任务。区块链可以增强供应链合作伙伴之间的信任和协作,在整个可追溯链中追踪无篡改的历史信息,减少产品浪费和经济损失。由于区块链技术可以追溯产品在每个阶段的详细信息,从而从各环节都能得到产品的信息,避免了因产品信息不对称而造成的浪费。

快速溯源机制是围绕溯源码索引设计的,包含溯源码索引的生成过程和使用其进行溯源查询的过程。对农产品供应链流程来说,如果动态追踪机制是描述"去"的运作过程,那么快速溯源机制就是描述"回"的运作过程。

6.5.1 溯源码索引的生成

溯源码索引是在生产过程中生成的,每当产品被所在环节输出时,系统都会自动生成溯源码和溯源码索引。

图 6-8 中,A、B、C 为农产品供应链中的三个环节。其中,A 为初始环节,输出产品(out);B、C 接收上一环节的产品作为本环节的原料(in),并输出产品(out)。上一环节的输出就是本环节的输入,本环节的输出就是下一环节的输入,即在数据内容方面 $A_{out} = B_{in}$,$B_{out} = C_{in}$。在实际的农产品供应链中可能存在如下情况,即从任何生产环节中输出的产品,都有可能流向市场而不仅仅是下一环节,所以针对每个环节的每批输出产品,都会以其溯源码为键,生成溯源码索引。

图 6-8 溯源码索引生成过程

参照基于区块链的农产品追溯模型,溯源码索引的生成过程如下:

① A 环节作为初始环节,在输出产品时,将产品溯源码(A_{out})发送给 A 环节的板块。

② A 环节的板块接收数据并转发给系统。

③ 系统接收数据后,将产品溯源码 A_{out} 作为溯源码索引的键。因为没有原料溯源码,所以这里省去了对原料溯源码的操作,直接将产品溯源码 A_{out} 作为溯源码索引的值;又因为数据中没有原料溯源码,所以"溯源码索引"的值只有 A_{out}。最后,由系统将溯源码索引 $\{A_{out}\}:\{A_{out}\}$ 存储到快速溯源区块链账本中。

④ A 环节的产品被发送至 B 环节作为原料,B 环节处理原料后输出产品,这批产品的溯源码是 B_{out},原料的溯源码是 B_{in}(等同于 A_{out})。然后,重复上述数据转发的步骤。

⑤ 系统接收到数据后,检查到原料溯源码是 B_{in}($=A_{out}$),就在快速溯源账本中搜索键为 B_{in}($=A_{out}$)的溯源码索引,将对应的值 $\{A_{out}\}$ 提取出来代替原有的原料溯源码 B_{in},并将

产品溯源码 B_{out} 追加到原料溯源码后面,组成新的溯源码索引 $\{B_{out}\}:\{A_{out},B_{out}\}$。

⑥ 同理,C 环节输入 B 产品作为原料,经过处理输出 C 产品,在 C 产品发往市场时, C 环节的板块将原料溯源码 $C_{in}(=B_{out})$ 和产品溯源码 C_{out} 发送给系统。

⑦ 系统接收到数据后,检查到原料溯源码是 $C_{in}(=B_{out})$,就在快速溯源账本中搜索键为 $C_{in}(=B_{out})$ 的溯源码索引,将对应的值 $\{A_{out},B_{out}\}$ 提取出来代替原有的原料溯源码 C_{in},并将产品溯源码 C_{out} 追加到原料溯源码后面,组成新的溯源码索引 $\{C_{out}\}:\{A_{out},B_{out}, C_{out}\}$。

⑧ 至此,溯源码索引的生成过程结束。

6.5.2 链式溯源算法

如图 6-9 所示,以生成的溯源码索引 $\{C_{out}\}:\{A_{out},B_{out},C_{out}\}$ 为例,描述快速追溯过程。

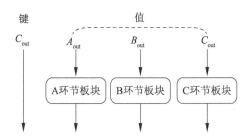

图 6-9　溯源信息组合过程

① 消费者使用客户端对溯源码为 C_{out} 的产品进行溯源查询,查询请求经过服务端处理后被发送至系统。

② 系统检索区块链溯源账本中键为 C_{out} 的数据为 $\{C_{out}\}:\{A_{out},B_{out},C_{out}\}$,将值提取出来并拆分成 A_{out}、B_{out}、C_{out} 三段溯源码。系统将三段溯源码分别封装在三条溯源数据查询请求中。由于溯源码自身带有所属环节的标识码,系统能够比对各个溯源码所属的环节板块,在环节板块账本中查找对应溯源码的溯源数据,并将数据返回系统。

③ 系统收到溯源数据后将其暂存于缓存中,直到接收了所有溯源码对应的溯源数据,将溯源数据依据溯源码的顺序拼接起来,形成完整的溯源数据。如果超过规定等待时间,快速溯源服务程序就会用类似“溯源数据丢失”等提示信息补全对应溯源码的溯源数据。

④ 系统将完整的溯源数据发送至客户端,消费者就可以看到农产品的溯源信息了。

快速溯源机制能够配合溯源码索引一次性找到所有中间环节的溯源码,再并行地分别去对应环节中查询,“串行”变“并行”,大幅提高了溯源的效率。

6.6 溯源数据的发布与追责

6.6.1 溯源数据的发布

以区块链与数据库相融合的农产品溯源数据存储模型为例,由于供应链中各环节的溯源数据格式不同,具有多源异构和复杂多样的特点,因此,为了节省溯源数据在区块链中的存储空间,可以采用区块链与数据库相融合的存储模型对农产品溯源数据进行存储。

基于区块链的农产品溯源数据的存储模型如图 6-10 所示。其设计思想如下:

① 农产品溯源数据包含种植生产、加工、仓储、物流、销售等各个环节的数据信息。在原始数据上链存储之前,需要对数据进行预处理,得到需要存储的详细农产品溯源数据,并把详细的溯源数据存入本地数据库中。

② 溯源数据在上链之前要经过智能合约的验证,只有符合智能合约规范的数据才能成功上传至区块链网络。为了减少农产品溯源数据上链存储所占的空间,可以把详细的农产品溯源数据进行哈希计算,得到长度固定的数据摘要信息,再将其存储至区块链中。同时,为了保证农产品供应链上各环节的账户节点之间能够相互访问,可以设计多链式的存储结构,以保证农产品溯源数据能够在安全存储的同时,解决传统溯源中各环节数据交互有限、容易造成信息孤岛的问题。

③ 在完成农产品溯源数据的上链存储后,把上链存储的摘要数据与对应产生的区块信息存入本地数据库中,与详细的农产品溯源数据相对应,以便用户随时查询数据的上链情况。同时,为了保证上链的摘要数据与存储在本地数据库中的详细溯源数据相一致,采用数字签名算法中的公私钥对上链存储的摘要数据进行签名验证,然后返回摘要数据,并与数据库中的详细溯源数据进行相同哈希得到的摘要数据进行验证、比对,以保证溯源数据存储的安全性和一致性。因此,采用基于区块链与和数据库相融合的存储方式对农产品溯源数据进行存储,可以实现农产品溯源数据的安全有效存储。

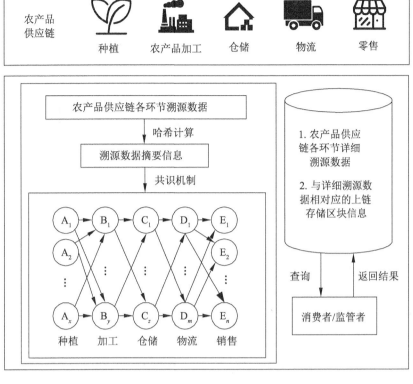

图 6-10　基于区块链的农产品溯源数据存储模型

（1）基于数据库存储的农产品溯源数据信息

农产品供应链种植生产环节的溯源数据信息如表 6-2 所示。

表 6-2　农产品供应链种植生产环节的溯源数据信息

字段名称	字段类型	字段含义
ProductName	Varchar	产品名称
BatchName	Varchar	原料批号
ProductPlace	Varchar	产地
Grade	Varchar	等级
Yield	Varchar	重量
HarvestDate	DateTime	采收时间
SupplierName	Varchar	供应商名称
PlantName	Varchar	负责人

　　加工环节在农产品供应链中处于种植生产环节的下游环节。加工环节的溯源数据包含加工标准、加工方法、加工时间等信息。加工环节具体溯源数据信息如表 6-3 所示。

表 6-3　农产品供应链加工环节的溯源数据信息

字段名称	字段类型	字段含义
ProtName	Varchar	产品名称
BatchName	Varchar	原料批号
ProPlace	Varchar	产地
ProStandard	Varchar	加工标准
ProMethod	Varchar	加工方法
PackNorm	Varchar	包装规格
ProDate	DateTime	加工时间
ProManager	Varchar	负责人

仓储环节在农产品供应链中处于加工环节的下游环节。仓储环节的溯源数据除农产品名称、原料批号、产地等信息外,还包含农产品的存储方式、入库产量、入库时间及仓储负责人等信息。仓储环节具体溯源数据信息如表 6-4 所示。

表 6-4　农产品供应链仓储环节的溯源数据信息

字段名称	字段类型	字段含义
ProductName	Varchar	产品名称
BatchName	Varchar	原料批号
ProductPlace	Varchar	产地
StoMode	Varchar	存储方式
StoOutput	Varchar	入库产量
StoDate	DateTime	入库时间
StoManager	Varchar	仓储负责人

物流环节在农产品供应链中处于仓储环节的下游环节。物流环节的溯源数据除农产品名称、原料批号、产地等信息外,还包含农产品的运输方式、这一批产品运输的重量、运输时间及运输负责人等物流运输信息。具体的物流运输环节的溯源数据信息如表 6-5 所示。

表 6-5　农产品供应链物流环节的溯源数据信息

字段名称	字段类型	字段含义
ProductName	Varchar	产品名称
BatchName	Varchar	原料批号
ProductPlace	Varchar	产地

字段名称	字段类型	字段含义
TraMode	Varchar	运输方式
TraWeight	Varchar	运输重量
TraDate	DateTime	运输时间
TraManager	Varchar	运输负责人

销售环节在农产品供应链中处于物流运输环节的下游环节。仓储环节的溯源数据除农产品名称、原料批号、产地等基本信息外,还包含对应农产品入库总量、采购的时间、销售时间、销售地点和销售负责人等信息。具体的销售环节的溯源信息如表 6-6 所示。

表 6-6　农产品供应链物流运输环节的溯源数据信息

字段名称	字段类型	字段含义
ProductName	Varchar	产品名称
BatchName	Varchar	原料批号
ProductPlace	Varchar	产地
TotalStock	Varchar	入库总量
PurchaseDate	DateTime	采购时间
SellDate	DateTime	销售时间
SellPlace	Varchar	销售地点
SellManager	Varchar	销售负责人

（2）基于区块链的农产品供应链中各环节间的单链式存储结构

在使用区块链技术对农产品溯源数据进行存储的过程中,区块链网络中包含代表农产品供应链的各参与主体,如种植生产商、加工商、仓储商、物流运输商和销售商等。首先,种植生产环节中的账户节点根据农产品的加工需求向指定加工环节中的账户节点请求交易,并发送种植生产节点的溯源数据,随后通过共识机制对种植生产环节的溯源数据信息进行验证,验证成功后,种植生产节点与加工节点间的数据完成交易。其次,加工环节中的节点按照供应链的流程及该农产品的仓储需求把加工商的溯源数据发送给指定的仓储商账户节点,仓储节点对收到的溯源数据进行验证。再其次,仓储环节中的账户节点根据该农产品的运输需求向指定的物流运输商账户节点申请交易,物流运输节点采取同样的方式对其进行验证并接收仓储节点的溯源数据。最后,物流运输节点根据该农产品的运输需求把物流信息发送给相应销售环节的销售商账户节点,以此完成整个供应链流程中各环节溯源数据的交易和相互访问。在区块链网络中,农产品供应链中各环节间的数据交易流程图如图 6-11 所示。

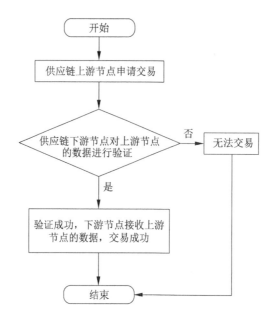

图 6-11　农产品供应链各环节节点间的数据交易流程图

在区块链网络中,供应链中各参与主体的溯源数据在达成共识后上链存储,所有区块中的节点都会同步同一链上其他节点的数据信息,具有透明化、不可篡改的特性,链中的任意节点都具备与其他环节进行数据交互的行为证明能力。如果存在某一节点想要篡改或者联合其他参与节点一起篡改已经上链参与交易的溯源数据,那么链中其他所有的节点也会收到相应的修改记录。因此,基于区块链的农产品供应链能有效避免企业或商家因维护自己利益而随意篡改数据,确保溯源数据存储的安全性和可靠性。

（3）基于区块链的农产品供应链中各环节账户节点间的多链式访问结构

在农产品供应链的存储过程中,每个环节都包含多个账户节点,不同的账户节点间用于存储的溯源数据信息都不相同。本节结合农产品供应链溯源数据的存储需求,设计了基于区块链的农产品溯源数据存储模型,在采用单链式结构存储农产品溯源数据的同时,设计基于复杂网络的多链式访问结构来描述和展现农产品供应链中各环节不同账户节点间的溯源数据的流通情况。

由图 6-10 中构建的基于区块链的农产品溯源数据存储模型可见,农产品供应链中各环节间的不同企业或厂商在区块链网络中代表着不同身份的账户节点,种植环节包含 $A_1, \cdots, A_x$ 等多个账户节点,加工环节包含 $B_1, \cdots, B_y$ 等多账户节点,仓储环节包含 $C_1, \cdots, C_z$ 等多个账户节点,物流环节包含 $D_1, \cdots, D_m$ 等多个账户节点,销售环节包含 $E_1, \cdots, E_n$ 等多个账户节点。农产品供应链中不同的产品从种植生产到销售需要经历的流程都不相同,产品在供应链流程中的加工手段、仓储条件、物流运输方式以及销售地点也不尽相同,相同的企业或厂商之间可能与不同的企业之间存在合作关系,因此各环节的节点间存在多种数据访问情况。

由图 6-11 知,可以清晰地用农产品供应链中各个账户节点间的多种访问情况来描述农产品在整个供应链中的流通过程,整个供应链的流通情况可以用 $A_x B_y C_z D_m E_n$ 表示,其中 x,y,z,m,n 分别代表种植生产、加工、仓储、物流及销售相对应环节的企业或厂商的节点数量。

6.6.2　溯源数据的链式追责

农产品溯源数据的链式追责方式有很多种,例如追溯系统可以根据最终产品的溯源码,一次性找到所有中间产品的溯源码,进而定位到所有完整的溯源数据,再从溯源数据中的用户标识找到数据的发布者;一旦某农产品发生质量安全问题,或发现虚假的溯源数据,就可以依据溯源码对农产品的供应链处理过程追根溯源,找到出现问题的数据发布者。

这里以农产品溯源数据摘要信息的链式追责为例。由于农产品溯源数据具有多源异构、复杂多样、数据量庞大的特点,为了能够节省数据上链存储的空间,提升溯源数据存储访问的速度,采用 SHA-256 算法对详细完整的农产品溯源数据进行哈希计算,得到长度固定的数据摘要信息后再上链存储。农产品溯源数据摘要数据的哈希计算过程如下。

步骤 1:初始化常量。获取自然数中前 8 个素数的平方根小数部分的前 32 位得到初始哈希值分别为 $H_1^{(0)}, H_2^{(0)}, \cdots, H_8^{(0)}$;取自然数中的前 64 个素数的平方根小数部分的前 32 位用 16 进制数表示得到相应的常数序列 $x[0, \cdots, 63]$,分别为 $0x428a2f98, 0x71374491, \cdots, 0xc67178f2$。

步骤 2:消息预处理。假设需要进行摘要哈希的农产品溯源数据信息为 M,其二进制的编码长度为 $\text{length}(M)$。首先对农产品溯源信息 M 进行补码处理,在溯源数据信息 M 的末尾补上一位“1”,然后在“1”后面补上 k 个“0”,保证 $\text{length}(M)+1+k=448 \bmod 512$。将补码后的数据信息分为 N 块,分别为 $M^{(1)}, M^{(2)}, \cdots, M^{(N)}$,其中第 i 个消息块为 $M_0^{(i)}$,最后 1 个消息块为 $M_{15}^{(i)}$。

步骤 3:从补码后的第 1 个消息块到第 N 个消息块进行循环,使用第 $i-1$ 个中间哈希值对 $a,b,\cdots,h$ 进行初始化。当 $i=1$ 时,使用的初始化哈希为 $a \leftarrow H_1^{(i-1)}, b \leftarrow H_2^{(i-1)}, \cdots, h \leftarrow H_8^{(i-1)}$。

步骤 4:对农产品溯源数据进行哈希计算。使用压缩函数并对 $\text{Ch}(e,f,g)$, $\text{Maj}(a,b,c)$, $S_0(a)$, $S_1(e)$, T_1, T_2 进行计算来更新 $a,b,\cdots,h$ 的值,最后对第 i 个中间哈希值 $H^{(i)}$ 进行计算,其中 $H_1^{(i)} \leftarrow a+H_1^{(i-1)}, H_2^{(i)} \leftarrow b+H_2^{(i-1)}, \cdots, H_8^{(i)} \leftarrow h+H_1^{(i-1)}$。最终的摘要哈希 MessageDigest 为 $H^{(N)}$,其计算公式如下:

$$\text{MessageDigest} = H^{(N)} = (H_1^N, H_2^N, \cdots, H_8^N) \tag{6-1}$$

利用 SHA-256 哈希算法完成对农产品溯源数据的哈希计算后,对计算得到的农产品溯源数据摘要信息 MessageDigest 进行上链存储。

对于溯源数据的追责,采用应用程序 API 接口把区块链网络与本地数据库进行连接,实现上链存储的区块信息上传到本地数据库的备份管理。把详细的溯源数据存储到本地数据库中,把进行上链存储的溯源数据摘要信息或上链存储摘要数据产生的交易哈希值作为查询输入值,相应的详细溯源数据作为该交易哈希下的查询内容。为了验证上链存储的摘要数据与存储在本地数据库中的详细溯源数据的一致性,采用数字签名算法对双方的溯源数据进行验证。安全验证流程图如图 6-12 所示。

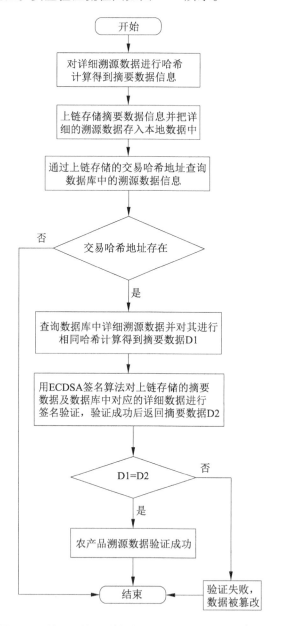

图 6-12 基于区块链的农产品溯源数据安全验证流程图

使用区块链与数据库相融合的存储方式对农产品溯源数据进行存储,可保证双方数据的一致性和安全性。由图 6-12 可见,使用 ECDSA 数字签名算法中的私钥对上链存储的摘要数据进行签名,本地数据库用对应的公钥对签名的摘要数据进行验证,验证成功后返回摘要数据,同时对本地数据库中存储的详细溯源数据进行相同哈希计算,将得到的摘要数据信息与数字签名验证成功后的摘要数据进行验证、比对。若双方数据验证一致,则证明数据没有被篡改,农产品溯源数据验证成功。反之,无论溯源数据发生多么细微的变化,计算得到的哈希值都不相同,两者之间的数据验证都会失败,证明数据被篡改,可以通过哈希值出现偏差的数据进行问责。这种验证方式既能利用本地数据库有效分担区块链的存储压力,又能保证本地数据库中存储的农产品溯源数据的安全性和可靠性。

第7章 区块链赋能的可信溯源监管系统设计与实现

7.1 传统农产品溯源流程分析

随着国内外对食品安全重视程度的不断提升,健全农产品质量安全监管体制已成为国家乡村振兴战略的重要一环。目前,农产品溯源系统作为一种对农产品质量进行监督与控制的有效方法,已成为国内外农产品质量安全监管的有效手段。

农产品溯源系统能够标识食品来源,提供其从生产到餐桌全过程中信息流和产品流的详细信息,提高产品生产过程中的质量安全控制能力和信息管理水平。一旦发生食品安全意外事件,就可以通过农产品溯源系统快速准确地定位到发生问题的环节,明确责任主体,及时召回问题食品,遏制问题蔓延势头,这是解决目前食品安全窘迫现状的有效方法。

(1)传统溯源方式

传统溯源系统采取的溯源方式有以下两种:

① 纸质生产证明。这是一种相对传统的信息溯源方式,食品生产商通过纸质生产证明保证食品的安全性,销售方只要确认拿到的食品是有纸质生产证明的便可以进行销售。这种溯源方式最大的缺点是纸质生产证明容易被复制或修改,在溯源过程中容易追溯到作假的溯源信息。

② 中心化的溯源系统平台。平台建设方通过软件(即服务的方式)提供与溯源相关的软硬件服务和相关的资源,人为地将食品的来源和去处输入平台来完成溯源的追踪和查询。这种溯源方式主要依赖于数据的输入方,人为输入的信息无法保障溯源信息的可靠性。另外,数据以中心化的方式集中存储,一旦受到网络攻击,平台也无法保障数据信息的安全性。

(2)传统溯源系统存在的问题

传统农产品溯源以种植、仓储、加工及物流等流程为主线,记录和管理从种植到销售所有环节的产品信息。溯源模型如图7-1所示。

从图7-1中可以看出,传统的农产品溯源系统一般以中心数据库为基础,采取分段、分环节的溯源模式;在农产品流通过程中,国内多部门实行切块分段共管的运行机制,分段监管步调不一;部分系统基础建设缺乏标准化,信息不规范,系统不兼容;对于监管部门和消费者来说,所有信息需要从中心数据库获取。

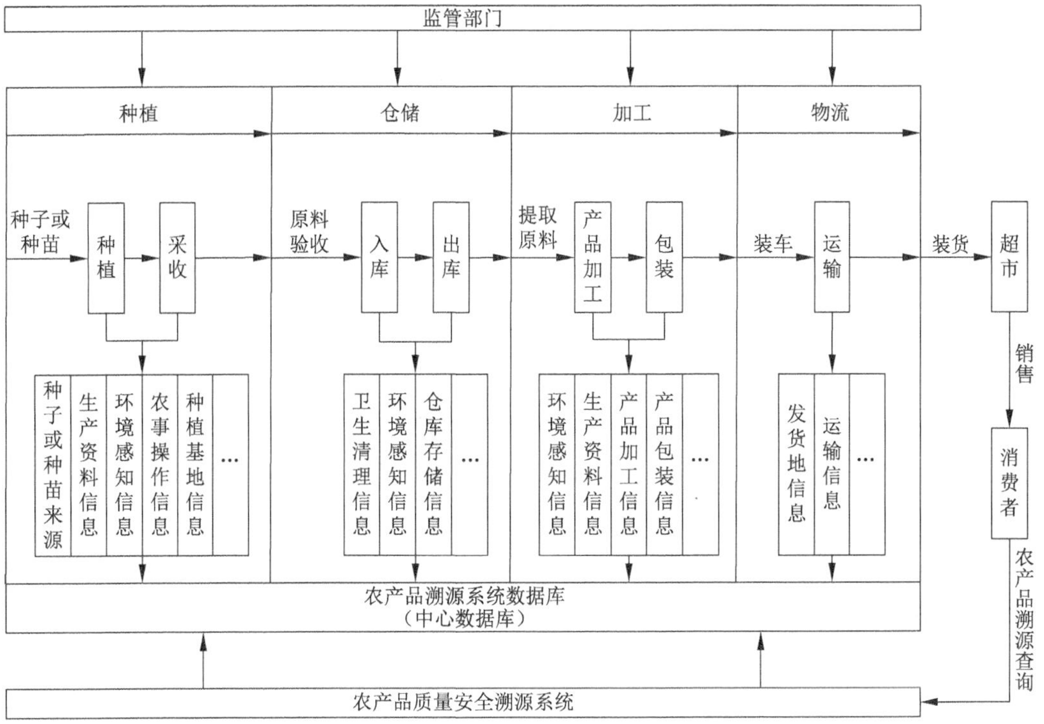

图 7-1　传统农产品溯源系统模型

传统溯源系统依赖中心数据库会导致以下问题:

① 系统中心化严重,信息真实性无法验证。传统溯源系统大多采用中心数据库实现信息存储,信息存在人为篡改的可能,使得消费者对溯源信息的真实性有较大的质疑。

② 农产品信息不公开透明,导致交易双方出现信任问题。不同环节的用户作为不同的角色参与溯源过程,角色间缺乏信息反馈,信息不公开透明,导致各角色掌握的信息不对称,交易双方缺乏信任,容易产生信任危机。

③ 农产品责任主体难确定。由于传统溯源系统各环节分散、碎片化严重,一旦产品出现质量问题,需要从每个环节逐步进行溯源,过程较为烦琐,无法快速准确定位责任主体。

综上所述,我们需要研发一款去中心化、能够保障溯源信息安全性和真实性的农产品可信溯源系统,而基于区块链技术的电子化追溯平台恰好满足这一需求。该平台的建设方案如下:食品供应链上的各类企业通过监管机构认证后加入区块链中,作为链上的节点进行数据交易和系统维护,而系统将供应链信息的共享映射为区块链两个节点间的交易,通过智能合约自动完成相关的交易,通过共识机制完成区块的认证,最终供应链上信息的流转以交易的方式打包在区块中,保存在区块链的分布式账本中供监管机构和消费者进行溯源查询。

相较于传统的溯源系统,基于区块链的农产品溯源系统能够很好地解决中心化、信息危机等问题,同时可以提高溯源的可靠性和安全性,是未来溯源系统的发展趋势。

7.2 基于区块链的溯源方案设计

7.2.1 产业链流程方案设计

农产品溯源需要对供应链上从来源到去向的信息进行记录和储存,涉及种植、仓储、加工、物流、销售、查询等环节,只有保证各环节之间的高效协作、确保每个环节信息传输和共享的真实性与安全性,才能保障农产品信息的有效溯源。本小节针对传统农产品溯源中存在的问题,对基于区块链的农产品产业链流程进行方案设计,并从产业链各环节出发分析区块链的应用方式,在信息传递过程中通过区块链共识算法、智能合约等关键技术和软硬件协同配合实现各生产环节中溯源数据的无缝连接。监管部门可以从供应链源头进行正向跟踪,消费者可以通过区块链的后台接口进行逆向追溯。产业链流程如图7-2所示。

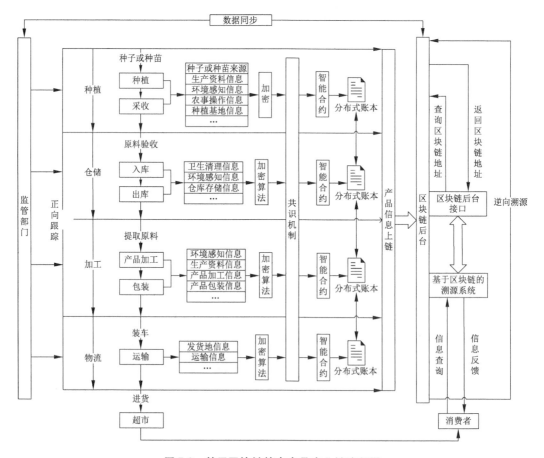

图7-2 基于区块链的农产品产业链流程图

（1）产业链中的溯源环节

① 种植（生产）环节。此环节的主要节点为农场（或企业）。节点需要将生产资料和产品信息录入并上传至区块链，创建初始区块。在此过程中，系统调用智能合约实现对节点的认证和信息上链，并通过数据分片的方式实现信息的分布式存储。数据经过加密处理后存储在本地的 IPFS 中，而区块链上存储 IPFS 文件的哈希值。当产品随着产业链流动进入下一环节即仓储环节时，当前节点会向下一节点发送交易请求，双方利用密钥对区块进行验证，并根据内嵌在区块链中的智能合约进行交易，在全员审核通过后完成交易，仓库便成为新的授权角色。在交易过程中，监管部门作为链中的节点有权对种植信息进行访问和审查，审查合格后以私钥签名方式认证种植环节符合规范。

② 仓储环节。此环节的主要节点为仓库（冷库）。仓库在接收了来自种植环节的产品之后，获得访问和维护产品信息的权限，在转移产品的过程中调用智能合约将该环节的特定信息写入区块链，完成供应链信息的链上链下存储；接着通过共识算法在节点之间进行区块的广播和数据的同步，实现信息更新和其他节点对该环节数据的访问许可。监管机构同样有权对仓储信息进行审查。

③ 加工环节。此环节的主要节点是加工企业。作为消费者最关心的环节，在收到来自上一环节的产品后，加工企业节点需要调用相应的智能合约来完成身份认证和加工信息录入。其中，产品是否合格需要监管部门参与检验并通过数字签名进行认证，与产品信息一同写入区块链，同时生产资料的供应商须作为节点加入链中，以免产品溯源过程中发生断链现象。最后，在产品包装的过程中，除了必要的包装信息外，还要为产品生成溯源码或二维码，便于消费者进行产品的溯源查询。

④ 物流环节。此环节的主要节点是物流公司。在产品运输的过程中，需要将产品物流信息实时传输到区块链中；同时运输中的每个包装上都应包含该产品的标识，以便于当前节点与下一节点的对接管理。

⑤ 销售环节。此环节的主要节点是超市等销售企业。农产品经过物流环节被发往不同地区的销售企业，所以需要通过调用相关智能合约将当前节点的企业信息上传至区块链；销售企业同样也需要明确产品的来源信息、销售信息等，确保产品信息的完整性。

⑥ 查询环节。此环节的主要节点是消费者和监管部门。消费者可通过扫描所购买产品包装上的一维码和二维码对产品信息进行溯源，获取相关信息。在查询过程中，系统将通过溯源码进行区块链智能合约地址查询，查询成功后返回地址，后台接口将该地址上的相关信息反馈给消费者，完成溯源查询的过程。监管部门可通过查询入口对问题产品进行追溯，追责到具体的企业。

（2）溯源环节中的用户角色

通过上述溯源环节的设计，根据各环节的实际需求，可以将用户划分为消费者、企业和政府三个角色。

① 消费者。消费者作为整个农产品溯源体系中的最后一个用户，起着至关重要的作

用。由于农产品具有"信任性"和"后验性"等特性,因此其质量安全是否合格的决定权在消费者手上。消费者在购买产品前,可以通过二维码扫描、溯源码查询或节点间信息的同步,直观了解产品信息。区块链溯源系统实现了农产品信息的公开透明,提升了消费者对产品的信任程度。

② 企业。农产品产业链涉及的环节众多,企业不仅要实现农产品全产业链的信息化覆盖,还需要实现全产业链信息正向或逆向追溯。因此,产业链每个环节都要设置相应的管理员,他们经过审核后将作为区块链的一个节点,可以对产品的信息进行采集和存储,并且能够与链上的其他节点进行信息的同步。通过各环节信息的流通和传输,企业将农产品全产业链的信息汇总到区块链溯源系统中,实现产业链环节的全覆盖和信息的无缝连接;同时,通过产品信息规范农产品的生产流程等,加强产品质量安全。

③ 政府。政府部门的主要作用是监管农产品在生产过程中的质量安全问题,其身为区块链溯源中权限最高的节点之一,能够直接查看产品产业链的生产全过程、实时监管链上其他节点的操作是否合乎规范,以及进行产品检测的抽查,并且在产品出现质量问题时进行问题产品的追踪。

图 7-3 所示为溯源环节中各角色的功能需求。

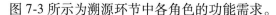
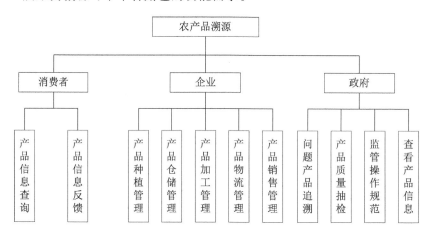

图 7-3 溯源环节中各角色的功能需求

基于区块链的溯源应用环节设计保证了溯源系统的去中心化、信息的公开透明和产品的可信溯源,相较于传统的溯源流程更加安全可靠,在安全性、高效性、实用性、可扩展性各方面均可满足当前的农产品溯源需求,有明显的优势。

7.2.2 区块链平台选择

在进行系统开发时,需要考虑区块链平台的发展成熟度、平台适合的区块链类型、平台的可拓展性、平台的性能等因素。BTC、以太坊、EOS 和超级账本是目前常见的四种区块链开发平台,其对比如表 7-1 所示。

表 7-1 区块链开发平台的对比

项目	BTC	以太坊	EOS	超级账本
平台成熟度	成熟	成熟	不成熟	成熟
使用类型	公有链	公有链	公有链	联盟链
共识算法	PoW	PoW&PoS	DPoS	PBFT
可扩展性	低	高	高	高
TPS	低	高	高	高

（1）BTC

BTC 是一般意义上的比特币，是区块链的第一个应用，采用了 UTXO 模型，不记录账户的余额，只记录交易的输出。与其他比特币链（如 BCH、BSV）相比，BTC 最大的特点是坚持区块大小不变，因此 TPS（每秒事务处理量）很低，几乎无法利用其建立一个可用的系统。

（2）以太坊

以太坊是一个区块链平台，它建立了一套图灵完备的脚本语言来满足不同业务的需求，这便是"智能合约"。同时，以太坊降低了区块的出块速度，因此 TPS 大大提高。但由于它依旧采用 PoW 和 PoS 共识算法，需要激励成本来维持区块链的运作，因此成本较高。

（3）EOS

EOS 是商用分布式应用设计的一款区块链操作系统，被称为区块链 3.0。其目的是构建一个区块链底层的技术架构，类似于区块链中的操作系统，使开发者能够快速方便地构建分布式应用程序。目前，EOS 技术还不够成熟。

（4）超级账本

由于区块链农产品溯源系统所涉及的参与节点众多，并且这些节点都是特定的或是签订协议的组织，不同节点所享有的权限不同，每个节点都可以作为一个中心参与到溯源过程中，系统在运行过程中所需要的数据承载能力也较高，因此需要一种交易速度快、可控性较强、交易成本低的区块链。相较于现有的其他区块链，超级账本作为联盟链中较为成熟的开发平台，具有更高的吞吐量和可扩展性，在性能方面有显著的优势。

超级账本是由 Linux 基金会主导发起的开源项目，旨在推动区块链跨行业应用项目，其中包含多个区块链平台项目，如 Fabric。

Fabric 是超级账本中发展得最好的一个企业级区块链平台，是第一个支持以 Java、Go 和 Node.js 等通用编程语言编写的智能合约的分布式账本平台，而不支持以受约束的特定领域语言（DSL）来编写。这意味着大多数开发者已经具备开发智能合约所需的技能，不需要额外的培训来学习一门新语言或 DSL。目前，Fabric 已应用于沃尔玛的食物溯源链（Foodtrust）和马士基的物流跟踪链（TradeLens）。

与其他区块链平台相比，Fabric 最重要的优势之一是它支持可插拔的共识协议，这使得平台能够更有效地定制以适应特定的用例和信任模型,选择不同的共识算法以符合不同业务的功能需求。Fabric可以利用不需要加密货币的共识协议来激励成本高昂的挖矿或推动智能合约的执行。避免使用加密货币可以减少一些重大的风险,并且没有加密挖矿操作意味着该平台可以使用与任何其他分布式系统大致相同的运营成本进行部署。

这些差异化设计特征的结合使得Fabric成为当今性能更好的平台之一,无论是在交易处理还是在交易确认延迟方面,它都可以实现交易和智能合约的隐私和机密性。

图7-4所示为Fabric的账本数据结构。

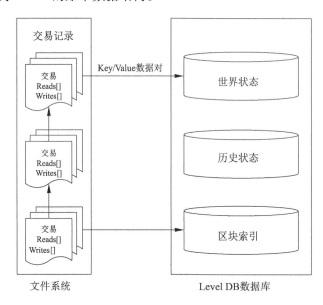

图7-4 Fabric的账本数据结构

Fabric的每个peer节点都可以加入若干个通道,并且只保存其订阅的相应通道的账本数据。通道上的所有节点共享该通道的账本数据,不同通道之间的账本数据是隔离的,通道机制可以保护隐私,保证多个应用之间不会相互干扰。

Fabric的状态数据是链式数据结构综合而成的结果。这部分数据保存在键值数据库Level DB中,是可以修改的。状态数据只是保存所有交易完成之后的最新结果,全部都是以Key/Value数据对的形式存在,并不会保存交易过程。当有新的交易发生的时候,peer节点会根据最新的交易信息修改状态数据库,以反映出交易的结果。同时,Fabric中存在历史状态数据库,其中保存了每一个Key/Value数据对的所有历史修改记录。建立区块索引可以在查询区块链数据时快速定位数据的位置,从而加快信息查询速度。

智能合约在Fabric中也被称作链码,充当受信任的分布式应用程序,从区块链和对等点之间的底层共识获得安全/信任。它是区块链应用程序的业务逻辑。链码被部署在Fabric的各个节点上,而事务是由所有节点顺序执行的。性能和规模是有限的链码,需要在系统的每个节点上执行,因此要求采取复杂的措施保护整个系统免受潜在恶意合约的影响,以确保整个系统的弹性和稳定性。

结合不同类型区块链技术特点的分析,目前区块链农产品溯源系统大都选用联盟链 Fabric 作为区块链溯源系统的底层架构支撑,故本书也使用 Fabric 作为区块链系统的底层平台。

7.2.3 数据存储与关联

(1) 数据的存储

目前,区块链农产品溯源系统大多选取星际文件系统(interplanetary file system,IPFS)与区块链相结合的数据存储方式,以便于用户管理和操作。其中,IPFS 是一种点对点的分布式文件系统,它的原理是把网络中所有的计算机设备与同一个文件系统相连,每个设备之间通过分布式的网络进行文件的传输和共享。IPFS 具有版本控制系统的特性,可以追溯到文件的修改历史,因此适用于溯源信息的查询系统。同时 IPFS 中的点对点的超媒体可以保存各种类型的数据,适合储存图片、视频等非文字数据。此外,IPFS 中的节点不需要互相信任,因此不存在单点故障。

IPFS 能够让互联网传输速度更快,更加安全,并且更加开放。作为一种分布式存储协议,IPFS 将文件分块存储和传输,不同节点可以共享文件块,通过分布式路由表协议将节点、文件块索引成一张以内容命名的存储网络。IPFS 还具有成本低、可自动去重、节省存储空间等优点。IPFS 将每个文件分成小块,每个块通过 Merkle DAG 构造成一个文件哈希值,只有拥有这个哈希值才能索引并获得文件块。IPFS 在全国各地都有服务器,部分服务器失效、被篡改之后,仍然可以通过其他服务器的备份文件块来还原,因此可以实现永久保存。

在 IPFS 与区块链相结合的数据存储方式下,区块链的分布式存储可用于解决传统溯源系统中心化的问题,实现产品信息的公开透明和不可篡改;而 IPFS 一方面可作为对区块链系统数据的备份,另一方面可用于存储非溯源信息(如员工隐私、企业投入等),减少区块链系统的存储开销。

下面按照系统框架详细解释数据的存储。系统总体框架及其各模块详情如图 7-5 所示。

感知层可以通过大量的环境传感器记录农作物的数据指标,还可以使用摄像头采集图像、视频。设备数据上链时需要进行登记,获取临时授权令牌才能将数据上链,临时令牌超时失效后需要向权限控制合约再次申请。农作物数据通过 TCP 协议、MQTT 协议、HTTP 协议、RMTP 协议等进行传输。采集程序通过开启协议连接服务来接收数据并推送至数据采集合约,将数据存入区块链时,不符合规则的冗余数据直接丢弃。采集到的图像、视频数据将被推送至 IPFS 存储网络,IPFS 生成数据的唯一内容索引哈希后再将哈希值保存到区块链存证。

图 7-5　区块链农产品溯源系统框架

存储层由区块链和 IPFS 构成。IPFS 通过 Merkle DAG、ICE 协议、Kademlia 协议等技术，将数据内容映射成唯一 CID(content identity)，通过文件分块技术去除重复内容，在保证数据完整性的同时大幅降低数据冗余度。传感器数据种类较多，数据采集模块将多维数据扁平化后再将数据存储至区块链。

合约层主要负责数据存储、数据检索、数据过滤、权限控制等逻辑。合约由联盟管理方发布，在获得其他节点授权背书的条件下部署到区块链网络中。

功能层连接智能合约实现数据的存储和检索，同时连接 IPFS 分布式网关将图片、视频进行存储。功能层为可视化层提供接口服务，包括：快速的图片访问接口，该接口提供查询本地数据库图片索引的服务；客户端查询接口，该接口可以获取链上哈希值，返回图片数据。功能层还能实现数据分析、异常检测、网络监控等功能。

可视化层主要负责用户注册登录、数据分析、区块链网络状态监控可视化界面等。

（2）数据的关联

系统各环节数据的关联可以通过溯源码和各环节的接口实现。这里介绍一种可分支溯源码（见图 7-6）：当有信息上传到区块链时，系统会调用对应的智能合约生成产品在该环节唯一的溯源编码；当进行产品的溯源时，系统首先会通过最终的溯源码找到对应的环节，并根据可分支溯源码的规则回推到上一环节，接着通过该环节的接口实现信息的查询，以此类推，直到所有环节的信息都被查询出来，从而实现信息的关联和无缝连接。

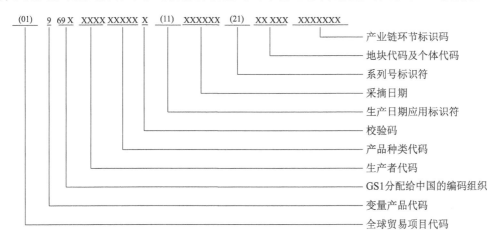

图 7-6　农产品溯源编码结构

结合农产品产业链的特点，可以 GS1-128 编码和全球贸易项目代码（GTIN）为基础进行产品溯源编码的设计。

GS1-128 编码是一种连续型、非定长条码，能更多地标识贸易单元中需表示的信息，如产品批号、数量、规格、生产日期、有效期、交货地等。因此，它广泛地应用于医疗卫生、物流和服务业等领域，极大地提高了全球供应链的效率。GS1-128 编码采用 128 码逻辑，具有完整性、紧密性、连接性及高可靠度的特性。该条码符号可编码的最大数据字数为48 个。

全球贸易项目代码（GTIN）是编码系统中应用最广泛的标识代码，有四种不同的编码结构：GTIN-13、GTIN-14、GTIN-8 和 GTIN-12。这四种结构可以对不同包装形态的商品进行唯一编码。无论应用在哪个领域的贸易项目上，每一个标识代码必须以整体方式使用，完整的标识代码可以保证在相关的应用领域内全球唯一。

下面根据全球贸易项目代码 GTIN-14 的结构以及 GS1-128 编码的规则，结合产品编码对象并选取相应的应用标识符，设计一款适合农产品的可分支溯源码，使其在产业链出现分支时能进行产品信息的溯源。

溯源码共有 38 位。其中，9 表示产品为变量产品代码；69X 表示国际物品编码组织（GS1）分配给中国的前缀（690~695）；后面 10 位数表示 4 位生产者代码（由中国物品编码中心规定）、5 位产品种类代码（可由厂商分配的项目号）和 1 位校验码；（11）是生产日期应用标识符，表示后面的数据项是一个 6 位、YYMMDD 格式的采摘日期；（21）是子引号,分配给一个实体永久性的系列代码,与 GTIN 结合唯一标识每个单独的商品,长度在 20 位以内,表示后面跟着两位数的地块代码(由厂商决定)和三位数的个体代码(也可以由字符组成,实现产品编码唯一性);最后 7 位是产业链环节标识码。

我们将溯源码的最后 7 位标识码分别用 X1、X2、X3、X4、XS、X6、X7 表示,用于实现产业链出现分支时产品信息的溯源,具体格式如表 7-2 所示。

表 7-2 环节标识码格式

格式	A	X1	X2	X3	X4	X5	X6	X7
意义	代表商品生产信息	环节数标记位	第五环节产业链分支位	第四环节产业链分支位	第三环节产业链分支位	第二环节产业链分支位	第一环节产业链分支位	检验位
取值范围		0~5	0~9	0~9	0~9	0~9	0~9	0~9

X1 为环节数标记位,即当前所处的环节数,第一环节的值为 0,依次递增。X2~X6 分别为第五至第一环节的产业链分支位,即当在本环节出现产业链分支的情况时,在对应产业链位上对不同分支进行编号。X7 为检验位,用特定算法来判断该溯源码是否正确。

在溯源码的向下生成方面,由于溯源码的分支形式类似于多叉树的形式,在此以树的形式对溯源码进行描述,如图 7-7 所示。

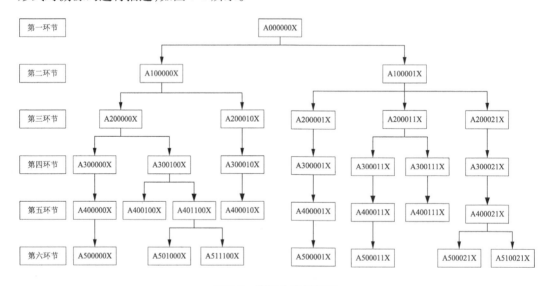

图 7-7 溯源生成树例图

分支溯源码初始默认为 A,其中 A 中的信息是在每一批产品生产初始规定的。在生成溯源码时,从根节点开始,生成其左右子树,并对其左右子树建立编码。建立编码时,应遵循以下规则:

① 根据所在树的层数修改环节数标记位,第一层标记为 1 层,子节点环节标记位修

改为节点所在层数即可。

②　根据某节点的分支数目,对其子节点进行编号,并将编号(0~9)在其相应的环节产业链分支位上进行修改。如第一环节分为了两部分,则将溯源码环节标记位变为1,将第一环节分支位上分别编辑为0和1,用以代表两个不同的链。

例如,在第一环节分出了2条分支,检验位用X表示,则其编码分别为A100000X、A100001X。第二环节在第一环节的第二个分支中,又分了3条分支,其编码分别为A200001X、A200011X、A200021X。

在实现溯源码的向上查询过程中,只需按溯源码的生成过程反向操作。具体过程如下:将溯源码中环节标记位减1,将所减环节所对应的分支位置变为0,其他各位除校验位外保持原状态不变。

通过上述可分支溯源码与各环节的溯源码,可获得各环节的信息,实现溯源查询。

7.3　基于区块链的溯源模型构建

7.3.1　区块链溯源模型构建

为保证溯源真实可信,基于传统农产品溯源和区块链技术各自的特点,本小节介绍一种基于区块链的农产品溯源模型(见图7-8)。在产品流通过程中通过区块链关键技术实现各生产环节中溯源数据的分布式存储,并将溯源数据安全保存在对应的账本中,数据详尽且具有高保真性,进而实现农产品可信溯源。

从生产到销售的流通过程中,农产品会经历众多环节,而产品信息的传递关键在于其环节的参与节点。每个参与节点都设有密钥,上面包含农产品的详细信息,产业链每一环节的参与节点都能够利用自身的密钥对信息进行加密。在两个环节进行产品交易时,发起者首先通过自身密钥进行节点认证,认证通过后开始整个交易流程,此时两个节点需要利用非对称加密技术达成一致协议,使产品所属关系被转移。其次,通过共识算法保证交易的一致性。例如,在某个节点进行信息的存储后,会对全网发送一个广播,链上所有节点确认广播后,使产品信息分布式存储于各节点的分布式账本中,通过密码学和共识算法的结合保证信息不可篡改。最后,通过编写智能合约满足产业链的实际需求,保证农产品的每一次信息传递、位置变更等都会被记录在区块链上,并且真实有效。例如,生产者将农产品交付给物流环节的过程就是一个合同,物流将农产品运送到销售店面同样也会有一个合同,在整个流程中有无数个合同要签约,把这一系列合同通过代码的形式在区块链上实现,就是通过智能合约来完成的。

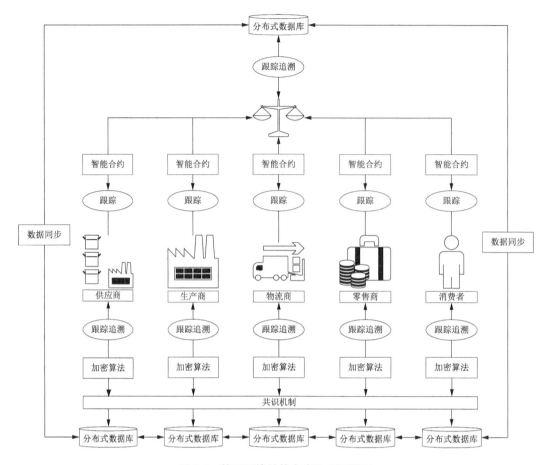

图 7-8　基于区块链的农产品溯源模型

通过此模型实现的产品溯源全过程信息透明且不可篡改,大大解决了传统溯源的诚信问题。若某个环节的参与节点发生了故障,系统仍然能够正常运行,且故障节点的数据可以恢复。这些参与节点在系统中都享有数据写入和读取的权限,并且链中的区块能够进行数据同步,这意味着每个节点间可以共享产品信息,在保证数据真实的前提下,实现农产品信息的有效跟踪和溯源,真正达到系统去中心化的效果。

7.3.2　优化查询模型构建

在区块链系统中,链上每个节点都要存储一个完整的区块链副本。当某个节点要查询一条交易信息时,就会在其本地的区块链副本中进行遍历查询,但是随着节点数的增多和数据量的增大,在区块链上进行数据查询的效率也会越来越低。为了提高产品溯源查询的效率,本小节构建了一种区块链优化查询模型(见图 7-9),在系统的用户层增加了数据缓存和数据同步模块,在查询层增加了数据监听和数据解析模块,在存储层和数据层采用了传统的数据分片和 Merkle 树来存储产品信息。

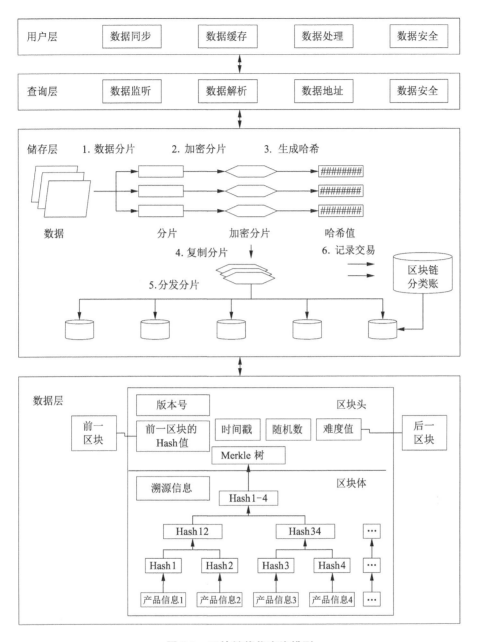

图 7-9　区块链优化查询模型

在数据层中,产品信息存储在 Merkle 树中,树中每一个叶子节点都是一个交易哈希,并且自下向上、两两成对,连接两个节点哈希,将组合哈希作为新的哈希,新的哈希就成为树的新节点。重复此过程,直到形成根哈希,然后根哈希就会被当作该区块交易的唯一标识。由于每个分节点哈希都依赖于其子节点的数据,因此对子节点数据的任何修改,都会导致父节点哈希发生变化。使用 Merkle 树可以快速验证某些信息是否存在于区块链中,可以在不运行完整区块链网络节点的情况下对(交易)数据进行检验,极大地提高了数据查询的效率,以及区块链的运行效率和可扩展性。

模型的存储层采用传统的数据分片存储,主要包括数据分片、加密分片、为生成哈希、复制分片、分发分片和记录交易六个步骤。通过此过程能够快速地将产品信息分布式存储到区块链的每个节点中,提高信息存储的效率。

查询层中主要包括数据监听、数据解析、数据地址和数据安全四个模块,当用户进行首次查询时,会通过数据地址找到该区块,利用数据监听和数据解析模块查询到该数据,并将该数据导入用户层中的数据缓存中,为提高相同信息的查询效率奠定基础。

当用户发起查询请求后,系统会首先访问用户层中的缓存数据进行查询,查询到相关数据后返回查询的结果。若在数据缓存中未找到相关数据,则访问查询层进行查询,同时运行数据同步模块,将在查询层查找到的数据同步到用户层中,方便下一次查找相同信息。

该优化查询模型利用数据缓存来保证查询的高效性,与传统区块链查询相比,省去了遍历查询数据的过程,具有更快的查询速度。

7.4　系统实现

7.4.1　环境配置

本小节将在 Ubuntu 20.04.4 操作系统环境下,使用 Hyperledger Fabric 底层架构。首先,需要在 Ubuntu 系统中提前安装好 Git 工具,并下载安装 curl、docker、docker-compose、node、golang 相关工具;其次,前台系统的 Web 应用是在 Windows 操作系统环境下,利用 ASP. NET 框架、SQLServer 数据库,使用 C#语言在 Visual Studio 2019 编译器中开发测试。

这里使用 VMware Workstation Pro 16 来运行 Ubuntu 20.04.4 系统虚拟机。VMware Workstation Pro 16 与 Ubuntu 20.04.4 均可在各自官方网站下载安装。

(1) Fabric 环境配置

在虚拟机终端下载安装 curl、docker、docker-compose、node、golang 相关工具,使用 sudo apt install (curl\docker. io\docker-compose)命令完成下载安装。以下载安装 curl 为例,如图 7-10 所示。

```
zly@ubuntu:~/Desktop$ sudo apt install curl
正在读取软件包列表... 完成
正在分析软件包的依赖关系树
正在读取状态信息... 完成
下列【新】软件包将被安装:
  curl
升级了 0 个软件包,新安装了 1 个软件包,要卸载 0 个软件包,有 86 个软件包未被升级。
需要下载 0 B/161 kB 的归档。
解压缩后会消耗 412 kB 的额外空间。
正在选中未选择的软件包 curl。
(正在读取数据库 ... 系统当前共安装有 166977 个文件和目录。)
准备解压 .../curl_7.68.0-1ubuntu2.12_amd64.deb ...
正在解压 curl (7.68.0-1ubuntu2.12) ...
正在设置 curl (7.68.0-1ubuntu2.12) ...
正在处理用于 man-db (2.9.1-1) 的触发器 ...
```

图 7-10　下载安装 curl

对于 node 和 golang 的安装,首先在相关工具官方网站下载安装包,解压至/usr/local 目录,在该目录下执行安装命令:sudo tar -zxvf(安装包名称)-C /usr/local。其次,在主目录下创建 Go 的工作目录。最后,设置 Golang 的环境变量,打开/etc/profile 文件进行修改,完成保存之后执行 source/etc/profile 命令使其生效。golang 环境变量的设置如图 7-11 所示。

```
# /etc/profile: system-wide .profile file for the Bourne shell (sh(1))
# and Bourne compatible shells (bash(1), ksh(1), ash(1), ...).

if [ "${PS1-}" ]; then
  if [ "${BASH-}" ] && [ "$BASH" != "/bin/sh" ]; then
    # The file bash.bashrc already sets the default PS1.
    # PS1='\h:\w\$ '
    if [ -f /etc/bash.bashrc ]; then
      . /etc/bash.bashrc
    fi
  else
    if [ "`id -u`" -eq 0 ]; then
      PS1='# '
    else
      PS1='$ '
    fi
  fi
fi

if [ -d /etc/profile.d ]; then
  for i in /etc/profile.d/*.sh; do
    if [ -r $i ]; then
      . $i
    fi
  done
  unset i
fi
export GOPATH=$HOME/gowork
export GOROOT=/usr/local/go
export GOBIN=$GOPATH/bin
export PATH=$GOROOT/bin:$PATH
```

图 7-11　设置 golang 环境变量

至此,环境配置完成,检查各工具是否安装完好。图 7-12 展示了安装后的版本信息。

```
zly@ubuntu:~/Desktop$ curl --version
curl 7.68.0 (x86_64-pc-linux-gnu) libcurl/7.68.0 OpenSSL/1.1.1f zlib/1.2.11 brotli/1.0.7 libidn2/2.2
.0 libpsl/0.21.0 (+libidn2/2.2.0) libssh/0.9.3/openssl/zlib nghttp2/1.40.0 librtmp/2.3
Release-Date: 2020-01-08
Protocols: dict file ftp ftps gopher http https imap imaps ldap ldaps pop3 pop3s rtmp rtsp scp sftp
smb smbs smtp smtps telnet tftp
Features: AsynchDNS brotli GSS-API HTTP2 HTTPS-proxy IDN IPv6 Kerberos Largefile libz NTLM NTLM_WB P
SL SPNEGO SSL TLS-SRP UnixSockets
zly@ubuntu:~/Desktop$ docker --version
Docker version 20.10.12, build 20.10.12-0ubuntu2~20.04.1
zly@ubuntu:~/Desktop$ node --version
v16.15.1
zly@ubuntu:~/Desktop$ go version
go version go1.14.4 linux/amd64
```

图 7-12　安装后的版本信息

(2) IPFS 配置

首先,下载 IPFS 压缩文件,放在需要存放的目录下,在该目录下执行安装命令:tar xvfz go-ipfs_v(具体版本)_linux-amd64. tar. gz。其次,在 go-ipfs 目录下执行 sudo bash install. sh 命令,执行 install. sh 脚本完成安装。最后,执行 sudo ipfs init 命令完成 IPFS 的初始化。具体步骤如图 7-13 所示。

```
zly@ubuntu:~$ tar xvfz go-ipfs_v0.13.0_linux-amd64.tar.gz
go-ipfs/LICENSE
go-ipfs/LICENSE-APACHE
go-ipfs/LICENSE-MIT
go-ipfs/README.md
go-ipfs/install.sh
go-ipfs/ipfs
zly@ubuntu:~$ cd go-ipfs
zly@ubuntu:~/go-ipfs$ sudo bash install.sh
Moved ./ipfs to /usr/local/bin
zly@ubuntu:~/go-ipfs$ sudo ipfs init
generating ED25519 keypair...done
peer identity: 12D3KooWHUqBv9DhVTwbPvUVmaGKshMbdkfe5yvv4VPB3pFRGibz
initializing IPFS node at /root/.ipfs
to get started, enter:

    ipfs cat /ipfs/QmQPeNsJPyVWPFDVHb77w8G42Fvo15z4bG2X8D2GhfbSXc/readme
```

图 7-13　IPFS 的安装与初始化

下一步,在 go-ipfs 目录下执行 sudo ipfs daemon 命令,接入 IPFS(见图 7-14)。进入 WebUI 的网站后,即可看到可视化的 IPFS 监视(见图 7-15)。

```
zly@ubuntu:~/go-ipfs$ sudo ipfs daemon
Initializing daemon...
go-ipfs version: 0.13.0
Repo version: 12
System version: amd64/linux
Golang version: go1.18.3
2022/07/06 04:58:41 failed to sufficiently increase receive buffer size (was: 2
08 kiB, wanted: 2048 kiB, got: 416 kiB). See https://github.com/lucas-clemente/
quic-go/wiki/UDP-Receive-Buffer-Size for details.
Swarm listening on /ip4/127.0.0.1/tcp/4001
Swarm listening on /ip4/127.0.0.1/udp/4001/quic
Swarm listening on /ip4/192.168.229.128/tcp/4001
Swarm listening on /ip4/192.168.229.128/udp/4001/quic
Swarm listening on /ip6/::1/tcp/4001
Swarm listening on /ip6/::1/udp/4001/quic
Swarm listening on /p2p-circuit
Swarm announcing /ip4/127.0.0.1/tcp/4001
Swarm announcing /ip4/127.0.0.1/udp/4001/quic
Swarm announcing /ip4/192.168.229.128/tcp/4001
Swarm announcing /ip4/192.168.229.128/udp/4001/quic
Swarm announcing /ip6/::1/tcp/4001
Swarm announcing /ip6/::1/udp/4001/quic
API server listening on /ip4/127.0.0.1/tcp/5001
WebUI: http://127.0.0.1:5001/webui
Gateway (readonly) server listening on /ip4/127.0.0.1/tcp/8080
Daemon is ready
```

图 7-14　IPFS 接入

图 7-15　可视化的 IPFS 监视

7.4.2　区块链系统的部署

此处采用超级账本 Fabric 来搭建区块链网络环境。其中,共识算法可以选择 Solo、Raft、Kafka 等,智能合约根据产业链各环节的实际需求编写,确保区块链系统的正常运行。具体流程如下。

（1）部署 Fabric 网络环境

Fabric 环境是区块链系统运行的前提和基础,节点的共识和智能合约的运行离不开良好稳定的 Fabric 环境,本系统所用的 Fabric 版本为 1.4.4。

完成前置组件的下载安装后,还需要下载 Fabric、Fabric-ca、Fabric-sample 源码,并对源码进行编译,这里需要系统中有 make 组件。在 Fabric 目录下执行代码 make release 后,会在 Fabric/release/linux-amd64/bin/目录下生成 7 个二进制文件;在 Fabric-ca 目录下执行代码 make fabric-ca-server、make fabric-ca-client 后,会在 Fabric-ca/bin/目录下生成 2 个二进制文件。将上述文件放到 Fabric-samples/bin/目录下,二进制文件如图 7-16 所示。

图 7-16　Fabric 源码下载编译

在 fabric/scripts 目录下执行代码 sudo ./bootstrap.sh 1.4.4 -b -s,完成 Docker 镜像的下载。下载过程如图 7-17 所示。

```
zly@ubuntu:~/gowork/src/github.com/hyperledger/fabric/scripts$ sudo ./bootstrap.sh 1.4.4 -b -s

Installing Hyperledger Fabric docker images

===> Pulling fabric Images
==> FABRIC IMAGE: peer

1.4.4: Pulling from hyperledger/fabric-peer
Digest: sha256:92c2bef91e80f54f6d73a89b796eab1b616f372e2258431f17d50dd0c2ce316b
Status: Image is up to date for hyperledger/fabric-peer:1.4.4
docker.io/hyperledger/fabric-peer:1.4.4
==> FABRIC IMAGE: orderer
```

图 7-17　Fabric Docker 镜像下载

使用其他 Docker 镜像下载途径或使用阿里云容器服务等也可以完成 Docker 镜像的下载。

最后进行 Fabric 网络的启动,在 fabric-samples/first-network 目录下执行代码 ./byfn.sh generate 生成网络证书,执行代码 ./byfn.sh up 启动 Fabric 网络。运行前后出现如

图 7-18 和图 7-19 所示的结果,即表明整个 Fabric 网络连通成功,部署完毕。

```
zly@ubuntu:~/gowork/src/github.com/hyperledger/fabric-samples/first-network$ sudo ./byfn.sh up
Starting for channel 'mychannel' with CLI timeout of '10' seconds and CLI delay of '3' seconds
Continue? [Y/n] y
proceeding ...
LOCAL_VERSION=1.4.4
DOCKER_IMAGE_VERSION=1.4.4
Creating network "net_byfn" with the default driver
Creating volume "net_orderer.example.com" with default driver
Creating volume "net_peer0.org1.example.com" with default driver
Creating volume "net_peer1.org1.example.com" with default driver
Creating volume "net_peer0.org2.example.com" with default driver
Creating volume "net_peer1.org2.example.com" with default driver
Creating peer1.org2.example.com ... done
Creating peer1.org1.example.com ... done
Creating peer0.org2.example.com ... done
Creating orderer.example.com    ... done
Creating peer0.org1.example.com ... done
Creating cli                    ... done
CONTAINER ID   IMAGE                               COMMAND             CREATED        STATUS
PORTS                                              NAMES
7b9b8e356116   hyperledger/fabric-tools:latest     "/bin/bash"         1 second ago   Up Less than a second
                                                   cli
6f168c4e523a   hyperledger/fabric-orderer:latest   "orderer"           3 seconds ago  Up Less than a second
0.0.0.0:7050->7050/tcp, :::7050->7050/tcp          orderer.example.com
a7bd42d00f3d   hyperledger/fabric-peer:latest      "peer node start"   3 seconds ago  Up Less than a second
0.0.0.0:7051->7051/tcp, :::7051->7051/tcp          peer0.org1.example.com
5d03065bc6c6   hyperledger/fabric-peer:latest      "peer node start"   3 seconds ago  Up Less than a second
0.0.0.0:9051->9051/tcp, :::9051->9051/tcp          peer0.org2.example.com
3fd9d3600289   hyperledger/fabric-peer:latest      "peer node start"   4 seconds ago  Up 1 second
0.0.0.0:8051->8051/tcp, :::8051->8051/tcp          peer1.org1.example.com
fbfd3ca1dd9f   hyperledger/fabric-peer:latest      "peer node start"   4 seconds ago  Up Less than a second
0.0.0.0:10051->10051/tcp, :::10051->10051/tcp      peer1.org2.example.com
370ebb0204fd   hello-world                         "/hello"            7 days ago     Exited (0) 7 days ago
                                                   competent_borg
```

图 7-18　Fabric 网络开始部署

```
==================== Chaincode is installed on peer1.org2 ====================

Querying chaincode on peer1.org2...
==================== Querying on peer1.org2 on channel 'mychannel'... ====================
Attempting to Query peer1.org2 ...3 secs
+ peer chaincode query -C mychannel -n mycc -c '{"Args":["query","a"]}'
+ res=0
+ set +x

90
==================== Query successful on peer1.org2 on channel 'mychannel' ====================

========= All GOOD, BYFN execution completed ===========
```

```
 __  __ _   _  ____
|  \/  | \ | ||  _ \
| |\/| |  \| || | | |
| |  | | |\  || |_| |
|_|  |_|_| \_||____/
```

图 7-19　Fabric 网络部署完毕

（2）配置交易设置、共识算法

Fabric 默认支持 Solo、Raft、Kafka 算法,不设置即默认使用 Solo 算法。如果想要使用其他共识算法,需要共识算法的实现代码并对配置文件进行修改,然后重新编译生成二进制文件,选择新的共识算法。图 7-20 为分别切换至 Solo、Raft、Kafka 的结果。

```
zly@ubuntu:~/gowork/src/github.com/hyperledger/fabric-samples/first-network$ export FABRIC_CFG_PATH=$PWD
zly@ubuntu:~/gowork/src/github.com/hyperledger/fabric-samples/first-network$ ../bin/configtxgen -profile TwoOrgsOrdererGenes
is -channelID byfn-sys-channel -outputBlock ./channel-artifacts/genesis.block
2022-06-24 03:00:16.231 PDT [common.tools.configtxgen] main -> INFO 001 Loading configuration
2022-06-24 03:00:16.295 PDT [common.tools.configtxgen.localconfig] completeInitialization -> INFO 002 orderer type: solo
2022-06-24 03:00:16.295 PDT [common.tools.configtxgen.localconfig] Load -> INFO 003 Loaded configuration: /home/zly/gowork/s
rc/github.com/hyperledger/fabric-samples/first-network/configtx.yaml
2022-06-24 03:00:16.366 PDT [common.tools.configtxgen.localconfig] completeInitialization -> INFO 004 orderer type: solo
2022-06-24 03:00:16.366 PDT [common.tools.configtxgen.localconfig] LoadTopLevel -> INFO 005 Loaded configuration: /home/zly/
gowork/src/github.com/hyperledger/fabric-samples/first-network/configtx.yaml
2022-06-24 03:00:16.367 PDT [common.tools.configtxgen] doOutputBlock -> INFO 006 Generating genesis block
2022-06-24 03:00:16.367 PDT [common.tools.configtxgen] doOutputBlock -> INFO 007 Writing genesis block
zly@ubuntu:~/gowork/src/github.com/hyperledger/fabric-samples/first-network$ ../bin/configtxgen -profile SampleMultiNodeEtcd
Raft -channelID byfn-sys-channel -outputBlock ./channel-artifacts/genesis.block
2022-06-24 03:00:23.410 PDT [common.tools.configtxgen] main -> INFO 001 Loading configuration
2022-06-24 03:00:23.473 PDT [common.tools.configtxgen.localconfig] completeInitialization -> INFO 002 orderer type: etcdraft
2022-06-24 03:00:23.473 PDT [common.tools.configtxgen.localconfig] completeInitialization -> INFO 003 Orderer.EtcdRaft.Optio
ns unset, setting to tick_interval:"500ms" election_tick:10 heartbeat_tick:1 max_inflight_blocks:5 snapshot_interval_size:20
971520
2022-06-24 03:00:23.473 PDT [common.tools.configtxgen.localconfig] Load -> INFO 004 Loaded configuration: /home/zly/gowork/s
rc/github.com/hyperledger/fabric-samples/first-network/configtx.yaml
2022-06-24 03:00:23.539 PDT [common.tools.configtxgen.localconfig] completeInitialization -> INFO 005 orderer type: solo
2022-06-24 03:00:23.539 PDT [common.tools.configtxgen.localconfig] LoadTopLevel -> INFO 006 Loaded configuration: /home/zly/
gowork/src/github.com/hyperledger/fabric-samples/first-network/configtx.yaml
2022-06-24 03:00:23.540 PDT [common.tools.configtxgen] doOutputBlock -> INFO 007 Generating genesis block
2022-06-24 03:00:23.540 PDT [common.tools.configtxgen] doOutputBlock -> INFO 008 Writing genesis block
zly@ubuntu:~/gowork/src/github.com/hyperledger/fabric-samples/first-network$ ../bin/configtxgen -profile SampleDevModeKafka
-channelID byfn-sys-channel -outputBlock ./channel-artifacts/genesis.block
2022-06-24 03:00:32.346 PDT [common.tools.configtxgen] main -> INFO 001 Loading configuration
2022-06-24 03:00:32.407 PDT [common.tools.configtxgen.localconfig] completeInitialization -> INFO 002 orderer type: kafka
2022-06-24 03:00:32.407 PDT [common.tools.configtxgen.localconfig] Load -> INFO 003 Loaded configuration: /home/zly/gowork/s
rc/github.com/hyperledger/fabric-samples/first-network/configtx.yaml
2022-06-24 03:00:32.474 PDT [common.tools.configtxgen.localconfig] completeInitialization -> INFO 004 orderer type: solo
2022-06-24 03:00:32.474 PDT [common.tools.configtxgen.localconfig] LoadTopLevel -> INFO 005 Loaded configuration: /home/zly/
gowork/src/github.com/hyperledger/fabric-samples/first-network/configtx.yaml
2022-06-24 03:00:32.475 PDT [common.tools.configtxgen] doOutputBlock -> INFO 006 Generating genesis block
2022-06-24 03:00:32.475 PDT [common.tools.configtxgen] doOutputBlock -> INFO 007 Writing genesis block
```

图 7-20　使用 Solo、Raft、Raft 排序输出区块

（3）部署智能合约

在部署智能合约前需要先关闭 Fabric 网络,然后使用 configtxgen 工具配置交易设置,可以使用不同的共识算法来生成区块。接着创建通道并为通道上的组织定义锚节点,具体过程如图 7-21 所示。

```
zly@ubuntu:~/gowork/src/github.com/hyperledger/fabric-samples/first-network$ export CHANNEL_NAME=mychannel  && ../bin/conf
igtxgen -profile TwoOrgsChannel -outputCreateChannelTx ./channel-artifacts/channel.tx -channelID $CHANNEL_NAME
2022-06-24 02:50:30.714 PDT [common.tools.configtxgen] main -> INFO 001 Loading configuration
2022-06-24 02:50:30.779 PDT [common.tools.configtxgen.localconfig] Load -> INFO 002 Loaded configuration: /home/zly/gowork
/src/github.com/hyperledger/fabric-samples/first-network/configtx.yaml
2022-06-24 02:50:30.843 PDT [common.tools.configtxgen.localconfig] completeInitialization -> INFO 003 orderer type: solo
2022-06-24 02:50:30.843 PDT [common.tools.configtxgen.localconfig] LoadTopLevel -> INFO 004 Loaded configuration: /home/zl
y/gowork/src/github.com/hyperledger/fabric-samples/first-network/configtx.yaml
2022-06-24 02:50:30.843 PDT [common.tools.configtxgen] doOutputChannelCreateTx -> INFO 005 Generating new channel configtx
2022-06-24 02:50:30.844 PDT [common.tools.configtxgen] doOutputChannelCreateTx -> INFO 006 Writing new channel tx
zly@ubuntu:~/gowork/src/github.com/hyperledger/fabric-samples/first-network$ ../bin/configtxgen -profile TwoOrgsChannel -o
utputAnchorPeersUpdate ./channel-artifacts/Org1MSPanchors.tx -channelID $CHANNEL_NAME -asOrg Org1MSP
2022-06-24 02:50:39.245 PDT [common.tools.configtxgen] main -> INFO 001 Loading configuration
2022-06-24 02:50:39.312 PDT [common.tools.configtxgen.localconfig] Load -> INFO 002 Loaded configuration: /home/zly/gowork
/src/github.com/hyperledger/fabric-samples/first-network/configtx.yaml
2022-06-24 02:50:39.378 PDT [common.tools.configtxgen.localconfig] completeInitialization -> INFO 003 orderer type: solo
2022-06-24 02:50:39.378 PDT [common.tools.configtxgen.localconfig] LoadTopLevel -> INFO 004 Loaded configuration: /home/zl
y/gowork/src/github.com/hyperledger/fabric-samples/first-network/configtx.yaml
2022-06-24 02:50:39.378 PDT [common.tools.configtxgen] doOutputAnchorPeersUpdate -> INFO 005 Generating anchor peer update
2022-06-24 02:50:39.379 PDT [common.tools.configtxgen] doOutputAnchorPeersUpdate -> INFO 006 Writing anchor peer update
zly@ubuntu:~/gowork/src/github.com/hyperledger/fabric-samples/first-network$ ../bin/configtxgen -profile TwoOrgsChannel -o
utputAnchorPeersUpdate ./channel-artifacts/Org2MSPanchors.tx -channelID $CHANNEL_NAME -asOrg Org2MSP
2022-06-24 02:50:45.356 PDT [common.tools.configtxgen] main -> INFO 001 Loading configuration
2022-06-24 02:50:45.421 PDT [common.tools.configtxgen.localconfig] Load -> INFO 002 Loaded configuration: /home/zly/gowork
/src/github.com/hyperledger/fabric-samples/first-network/configtx.yaml
2022-06-24 02:50:45.483 PDT [common.tools.configtxgen.localconfig] completeInitialization -> INFO 003 orderer type: solo
2022-06-24 02:50:45.483 PDT [common.tools.configtxgen.localconfig] LoadTopLevel -> INFO 004 Loaded configuration: /home/zl
y/gowork/src/github.com/hyperledger/fabric-samples/first-network/configtx.yaml
2022-06-24 02:50:45.483 PDT [common.tools.configtxgen] doOutputAnchorPeersUpdate -> INFO 005 Generating anchor peer update
2022-06-24 02:50:45.483 PDT [common.tools.configtxgen] doOutputAnchorPeersUpdate -> INFO 006 Writing anchor peer update
```

图 7-21　创建通道

启动 cli 容器,启动代码为 docker-compose -f docker-compose-cli. yaml up -d;进入 cli 容器完成通道配置,进入代码为 docker exec -it cli bash;然后将节点配置到通道中,具体过程如图 7-22 所示。

```
zly@ubuntu:~/gowork/src/github.com/hyperledger/fabric-samples/first-network$ sudo docker exec -it cli bash
root@35934835eb32:/opt/gopath/src/github.com/hyperledger/fabric/peer# export CHANNEL_NAME=mychannel
root@35934835eb32:/opt/gopath/src/github.com/hyperledger/fabric/peer# peer channel create -o orderer.example.com:7050 -c $CH
ANNEL_NAME -f ./channel-artifacts/channel.tx --tls --cafile /opt/gopath/src/github.com/hyperledger/fabric/peer/crypto/ordere
rOrganizations/example.com/orderers/orderer.example.com/msp/tlscacerts/tlsca.example.com-cert.pem
2022-06-24 09:52:42.185 UTC [channelCmd] InitCmdFactory -> INFO 001 Endorser and orderer connections initialized
2022-06-24 09:52:42.215 UTC [cli.common] readBlock -> INFO 002 Received block: 0
root@35934835eb32:/opt/gopath/src/github.com/hyperledger/fabric/peer#  peer channel join -b mychannel.block
2022-06-24 09:52:50.332 UTC [channelCmd] InitCmdFactory -> INFO 001 Endorser and orderer connections initialized
2022-06-24 09:52:50.349 UTC [channelCmd] executeJoin -> INFO 002 Successfully submitted proposal to join channel
root@35934835eb32:/opt/gopath/src/github.com/hyperledger/fabric/peer# CORE_PEER_MSPCONFIGPATH=/opt/gopath/src/github.com/hyp
erledger/fabric/peer/crypto/peerOrganizations/org2.example.com/users/Admin@org2.example.com/msp CORE_PEER_ADDRESS=peer0.org2
.example.com:9051 CORE_PEER_LOCALMSPID="Org2MSP" CORE_PEER_TLS_ROOTCERT_FILE=/opt/gopath/src/github.com/hyperledger/fabric/p
eer/crypto/peerOrganizations/org2.example.com/peers/peer0.org2.example.com/tls/ca.crt peer channel join -b mychannel.block
2022-06-24 09:53:06.732 UTC [channelCmd] InitCmdFactory -> INFO 001 Endorser and orderer connections initialized
2022-06-24 09:53:06.749 UTC [channelCmd] executeJoin -> INFO 002 Successfully submitted proposal to join channel
```

图 7-22　进入 cli 容器配置通道

接下来进行链码的安装。将编写好的智能合约放到指定文件夹中,在 cli 容器中执行代码 peer chaincode install -n mycc -p github. com/hyperledger/(你的链码地址),将链码(智能合约)分别安装到不同通道的不同节点上。图 7-23 为加入通道后安装链码到两个不同节点的过程。

```
root@35934835eb32:/opt/gopath/src/github.com/hyperledger/fabric/peer#  peer channel join -b mychannel.block
2022-06-24 09:52:50.332 UTC [channelCmd] InitCmdFactory -> INFO 001 Endorser and orderer connections initialized
2022-06-24 09:52:50.349 UTC [channelCmd] executeJoin -> INFO 002 Successfully submitted proposal to join channel
root@35934835eb32:/opt/gopath/src/github.com/hyperledger/fabric/peer# CORE_PEER_MSPCONFIGPATH=/opt/gopath/src/github.com/hyp
erledger/fabric/peer/crypto/peerOrganizations/org2.example.com/users/Admin@org2.example.com/msp CORE_PEER_ADDRESS=peer0.org2
.example.com:9051 CORE_PEER_LOCALMSPID="Org2MSP" CORE_PEER_TLS_ROOTCERT_FILE=/opt/gopath/src/github.com/hyperledger/fabric/p
eer/crypto/peerOrganizations/org2.example.com/peers/peer0.org2.example.com/tls/ca.crt peer channel join -b mychannel.block
2022-06-24 09:53:06.732 UTC [channelCmd] InitCmdFactory -> INFO 001 Endorser and orderer connections initialized
2022-06-24 09:53:06.749 UTC [channelCmd] executeJoin -> INFO 002 Successfully submitted proposal to join channel
root@35934835eb32:/opt/gopath/src/github.com/hyperledger/fabric/peer# peer chaincode install -n mycc -v 1.0 -p github.com/ch
aincode/chaincode_example02/go/
2022-06-24 09:53:19.956 UTC [chaincodeCmd] checkChaincodeCmdParams -> INFO 001 Using default escc
2022-06-24 09:53:19.957 UTC [chaincodeCmd] checkChaincodeCmdParams -> INFO 002 Using default vscc
2022-06-24 09:53:20.182 UTC [chaincodeCmd] install -> INFO 003 Installed remotely response:<status:200 payload:"OK" >
root@35934835eb32:/opt/gopath/src/github.com/hyperledger/fabric/peer# CORE_PEER_MSPCONFIGPATH=/opt/gopath/src/github.com/hyp
erledger/fabric/peer/crypto/peerOrganizations/org2.example.com/users/Admin@org2.example.com/msp
root@35934835eb32:/opt/gopath/src/github.com/hyperledger/fabric/peer# CORE_PEER_ADDRESS=peer0.org2.example.com:9051
root@35934835eb32:/opt/gopath/src/github.com/hyperledger/fabric/peer# CORE_PEER_LOCALMSPID="Org2MSP"
root@35934835eb32:/opt/gopath/src/github.com/hyperledger/fabric/peer# CORE_PEER_TLS_ROOTCERT_FILE=/opt/gopath/src/github.com
/hyperledger/fabric/peer/crypto/peerOrganizations/org2.example.com/peers/peer0.org2.example.com/tls/ca.crt
root@35934835eb32:/opt/gopath/src/github.com/hyperledger/fabric/peer# peer chaincode install -n mycc -v 1.0 -p github.com/ch
aincode/chaincode_example02/go/
2022-06-24 09:54:10.486 UTC [chaincodeCmd] checkChaincodeCmdParams -> INFO 001 Using default escc
2022-06-24 09:54:10.486 UTC [chaincodeCmd] checkChaincodeCmdParams -> INFO 002 Using default vscc
2022-06-24 09:54:10.614 UTC [chaincodeCmd] install -> INFO 003 Installed remotely response:<status:200 payload:"OK" >
```

图 7-23　链码的安装过程

最后进行链码的实例化,完成后可以执行链码进行测试。图 7-24 显示了一种实例化并测试的过程,通过它能够成功查询到节点上的值。

```
root@35934835eb32:/opt/gopath/src/github.com/hyperledger/fabric/peer# peer chaincode instantiate -o orderer.example.co
m:7050 --tls --cafile /opt/gopath/src/github.com/hyperledger/fabric/peer/crypto/ordererOrganizations/example.com/order
ers/orderer.example.com/msp/tlscacerts/tlsca.example.com-cert.pem -C $CHANNEL_NAME -n mycc -v 1.0 -c '{"Args":["init",
"a", "100", "b","200"]}' -P "AND ('Org1MSP.peer','Org2MSP.peer')"
2022-06-24 09:54:19.608 UTC [chaincodeCmd] checkChaincodeCmdParams -> INFO 001 Using default escc
2022-06-24 09:54:19.609 UTC [chaincodeCmd] checkChaincodeCmdParams -> INFO 002 Using default vscc
root@35934835eb32:/opt/gopath/src/github.com/hyperledger/fabric/peer# peer chaincode query -C $CHANNEL_NAME -n mycc -c
'{"Args":["query","a"]}'
100
```

图 7-24　链码的实例化和执行

Fabric 支持 Go、Node. js、Java 三种语言的链码安装与实例化,其中 Node. js 和 Java 的安装与实例化需要花费较长时间。

7.4.3　系统界面展示

(1)系统首页

系统首页界面如图 7-25 所示,消费者可以通过企业介绍了解企业信息,可以通过网上商城购买农产品,也可以对已购买的产品进行溯源码查询。另外,系统还提供政府和企业两个不同的管理入口,政府能够对企业的资质和操作规范进行监督,企业享有内部人员和产品信息的管理权限。

图 7-25　系统首页

（2）用户注册功能

用户首次使用系统时,需要输入姓名、身份证号码、手机号码等信息进行注册并等待管理员审核(见图 7-26),审核通过后生成该用户的区块链地址,并根据用户所选择的类型为其分配不同的系统管理和操作权限。

图 7-26　用户注册页面

（3）溯源查询功能

管理员通过单击每条记录的溯源查询查看产品详细信息和区块信息,确保产品溯源过程和上链状态的正常运行,如图 7-27 所示。

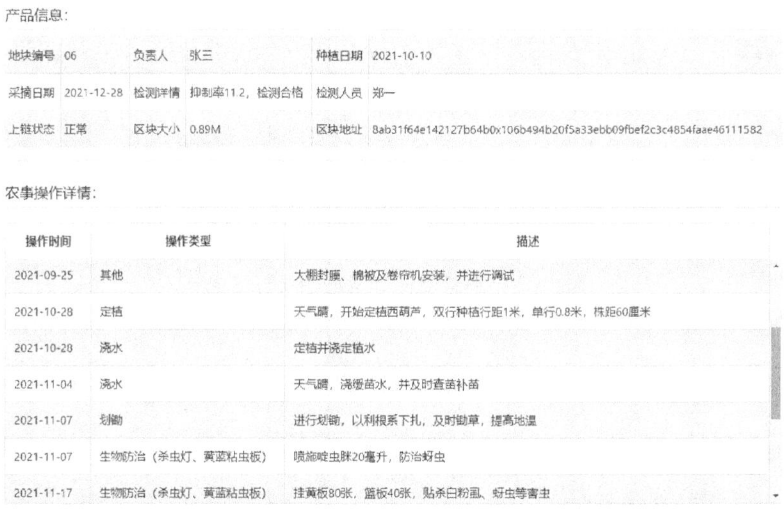

图 7-27　产品详细信息查看页面

消费者输入产品包装上的溯源码或者扫描二维码后,即可跳转到系统的产品信息溯源界面,获取到该产品从种植到销售的溯源信息,以及对应的人员信息和区块链地址等,如图 7-28 和图 7-29 所示。

产品生产信息:

产品名称:	西葫芦	销售地址:	华联超市	等级:	A	生产日期:	2021-12-28
生产企业:	蔬菜产业园	种植地块:	06号地块	地块负责人:	张三		
溯源码:	96908955044061(11)191228(21)06131000021					加工状态:	未加工
区块地址:	8ab31f64e142127b64b0x106b494b20f5a33ebb09fbef2c3c4854faae46111582						

操作时间	操作类型	描述
2021-08-12	撒底肥	棚内开始铺基质,共120吨,用生物菌肥
2021-08-12	耕地	棚内平衡,深翻
2021-08-17	起垄	开始起垄
2021-09-13	其他	安装水肥一体化主机及泵道,并进行调试
2021-09-25	其他	大棚封膜、棉被及卷帘机安装,并进行调试
2021-10-28	定植	天气晴,开始定植西葫芦,双行种植行距1米,单行0.8米,株距60厘米
2021-10-28	浇水	定植并浇定植水
2021-11-04	浇水	天气晴,浇缓苗水,并及时查苗补苗

录入人员: 张三

图 7-28　溯源查询页面产品生产信息

产品检测信息:

| 检测时间: | 2021-12-29 | 检测人员: | 郑一 |
| 结果判定标准: | GB 2763-2016《食品安全国家标准 食品中农药最大残留限量》 | | |

检测项目	限量值	检测结果	结果说明	检测方法	检测方法标准
农药残留	小于0.5毫升/千克	0.1毫升/千克(合格)	蔬菜中啶虫脒、爱诺丁类驱虫药的残留以酸性乙腈提取,经基质分散固相萃取精华净化后,用液相色谱-串联质谱测定,超过0.5毫升/千克视为农药残留超标	液相色谱-串联质谱法	GB/T 23584

录入人员: 郑一

图 7-29　溯源查询页面产品检测信息

7.5　系统测试

7.5.1　追溯系统功能测试

追溯系统的功能测试是指系统能否在链接测试、表单测试、业务功能测试三方面满足需求,以确保用户的正常使用和系统的正确性。由于正确性是软件系统最重要的质量因素,因此接下来对系统进行功能测试。测试结果见表 7-3 至表 7-5。

表 7-3　系统链接测试结果

测试内容	预期结果	测试结果
页面跳转是否正确	是	是
是否存在空页面	否	否
是否有单独存在的页面	否	否

表 7-4　系统表单测试结果

测试内容	预期结果	测试结果
文本框输入是否正常	是	是
未填写必填项是否显示错误	是	是
下拉框、复选框等控件是否正常	是	是
文件上传是否正常	是	是
表单提交按钮是否正常	是	是

表 7-5　系统业务功能测试结果

测试单元	测试内容	预期结果	测试结果
用户管理	用户注册、登录	通过	通过
	用户权限的增、删、查、改	通过	通过
	基地、地块信息的增加、上链和查看	通过	通过
种植管理	产品种植、操作信息的增加、上链和查看	通过	通过
	地块视频监控和环境感知是否正常	是	是
检测管理	检测信息的增加、上链和查看	通过	通过
加工管理	加工信息的增加、上链和查看	通过	通过
仓储管理	仓储信息的增加、上链和查看	通过	通过
	仓库视频监控和环境感知是否正常	是	是
销售管理	销售信息的增加、上链和查看	通过	通过
	是否生成最终溯源码和二维码	是	是
	是否与电商连接	是	是
消费者查询	通过溯源码和二维码查询产品信息	通过	通过

7.5.2　追溯系统性能测试

系统的性能测试是指通过设置多线程的虚拟用户，创建出真实的负载环境，并对其在用户的连接数、响应成功数和吞吐量等方面进行性能测试。该系统对实际应用的需求见表 7-6。

表 7-6　系统性能测试结果

测试内容	预期结果	测试结果
用户连接率	100%	100%
并发用户数	≥100	通过
系统响应时间	<1000 ms	通过
吞吐量	>300	通过
CPU 利用率	<50%	通过
数据发送用时	<10 s	通过

参考文献

［1］可晓海,张文超,唐开辉,等.基于 GSM 网络和 485 总线的农业监控系统设计[J].中国农机化学报,2016,37(5):213-218.

［2］刘晓光,张亚靖,胡静涛,等.基于 CAN 总线的农机导航控制系统终端的设计与实现[J].农机化研究,2016,38(11):133-136,144.

［3］刘传茂,王熙.农机数据采集传输系统的设计与实现:基于 CAN 总线[J].农机化研究,2016,38(12):207-211.

［4］高祥,居锦武,蒋劢,等.基于 CAN 总线的分布式农业温室控制系统设计[J].中国农机化学报,2016,37(4):67-70.

［5］陈小利,林静.农业物联网技术研究进展与发展趋势分析[J].无线互联科技,2022,19(3):21-22.

［6］欧非凡,张超群.农业信息处理技术研究与应用进展[J].中国农学通报,2021,37(20):113-118.

［7］杨金山,刘光伟,张蕾.信息化时代物联网视域下农业现代化的发展:评《农业物联网技术及其应用》[J].大学教育科学,2017(6):141.

［8］郭宁.农业物联网技术与农业机械化发展[J].农业工程技术,2020,40(33):51-52.

［9］孙红,李松,李民赞,等.农业信息成像感知与深度学习应用研究进展[J].农业机械学报,2020,51(5):1-17.

［10］李道亮,杨昊.农业物联网技术研究进展与发展趋势分析[J].农业机械学报,2018,49(1):1-20.

［11］李道亮,杨昊.农业物联网技术研究及发展对策[J].信息技术与标准化,2017(10):30-34.

［12］李瑾,郭美荣,冯献.农业物联网发展评价指标体系设计:研究综述和构想[J].农业现代化研究,2016,37(3):423-429.

［13］邓永卓.4G 与农业物联网技术[J].天津农林科技,2014(1):38.

［14］黄涛.基于 5G 关键技术的农业物联网前景展望[J].现代农业研究,2020,26(8):143-144.

［15］岳宇君,岳雪峰,仲云云.农业物联网体系架构及关键技术研究进展[J].中国农业科技导报,2019,21(4):79-87.

［16］ 王纯龙,李贺强.NB-IOT 的关键技术及在农业物联网中的应用[J].电子技术与软件工程,2017(16):20.

［17］ 姚茂漩,罗怡辰.基于 LoRa 农业物联网智慧大棚的设计与实现[J].无线互联科技,2021,18(24):50-53.

［18］ 郝兵.基于 LoRa 的数据传输技术的农业物联网系统探究[J].农业技术与装备,2021(9):69-70,72.

［19］ 刘哲辉,杨晓磊,石称华,等.基于 NB-IoT 的农田环境监测系统构建与应用[J].上海农业科技,2022(2):27-29.

［20］ 石贵民,张为慧,余文森.融合 ZigBee 和 NB-IoT 的农业物联网架构设计及应用[J].佛山科学技术学院学报(自然科学版),2020,38(6):32-38.

［21］ 王文生,郭雷风.大数据技术农业应用[J].数据与计算发展前沿,2020,2(2):101-110.

［22］ 邓嘉明,罗细池,李江广.基于大数据的农业物联网体系建设与应用研究[J].山西大同大学学报(自然科学版),2020,36(3):42-44,47.

［23］ 高卫勇.传感网技术在智慧农业中的应用浅析[J].南方农业,2020,14(28):77-79.

［24］ 孙树莉.农业物联网构建与发展面临的主要挑战[J].现代农业科技,2022(15):142-151.

［25］ 史恒,雷莹慧,何正方,等.区块链技术在农业物联网防伪溯源的应用研究[J].计算机时代,2022(6):32-36.

［26］ 顾乐.智能农业灌区传感器网络关键技术研究[D].南京:东南大学,2015.

［27］ 钱平,郑业鲁,熊本海,等.射频识别技术及其在农业上应用[J].农业图书情报学刊,2005(02):16-19.

［28］ 邢广东,谢维维,张云天.物联网在智能农业方面的应用现状及发展趋势研究[J].电脑知识与技术,2021,17(12):252-253,260.

［29］ 张军国,赖小龙,杨睿茜,等.物联网技术在精准农业环境监测系统中的应用研究[J].湖南农业科学,2011(15):173-176.

［30］ 张丽影.精准农业无线传感器网络节点定位监测系统设计[D].哈尔滨:东北农业大学,2016.

［31］ 吴小娜,王漫.无线传感器网络操作系统 TinyOS 综述[J].计算机与现代化,2011(2):103-105,116.

［32］ 王元剑,赵馀,章华,等.浅析 WSN、RFID 技术在我国农业中的应用[J].产业与科技论坛,2020,19(1):52-53.

［33］ 李鑫,贾小林.基于物联网的农作物管理系统的研究与设计[J].物联网技术,2020,10(10):72-75.

［34］ 高万林,张港红,张国锋,等.核心技术原始创新引领智慧农业健康发展[J].智慧农

业,2019,1(1):8-19.

[35] 张港红.农业物联网专用处理器芯片设计研究[D].北京:中国农业大学,2018.

[36] 吴晓强,李理,赵华洋,等.基于情景感知数据融合的农业物联网监测模型研究[J].中国农机化学报,2019,40(4):169-173.

[37] 张岳涛,史翔.12位A/D转换器MAX187原理及应用[J].现代电子技术,2007(10):30-31.

[38] 张玲,胡东红,孔华锋,等.二维条码码图结构特性分析[J].湖北大学学报(自然科学版),2004,26(3):226-231.

[39] 李鑫,贾小林.基于物联网的农作物管理系统的研究与设计[J].物联网技术,2020,10(10):72-75.

[40] 吴才聪,方向明.基于北斗系统的大田智慧农业精准服务体系构建[J].智慧农业,2019,1(4):83-90.

[41] 郭锈.浅析3S技术在精准农业中的应用及发展前景[J].农业与技术,2020,40(18):41-43.

[42] 姚佳,李涛.数据采集传输控制系统在农业物联网中的应用[J].物联网技术,2018,8(2):92-93,95.

[43] 周立,张德利.基于LBS的数字农业空间管理信息分类体系研究[J].科学技术与工程,2007(24):6313-6317.

[44] 张津博.基于TinyOS的WSN节点控制系统的设计与实现[D].沈阳:东北大学,2011.

[45] 姚敏,徐君,赵敏.逐次逼近式A/D转换器分解式原理验证实验设计[J].电子测量技术,2019,42(24):116-119.

[46] 苗锡奎,赵威,张恒伟,等.时间控制脉冲间隔激光编码方法研究[J].红外与激光工程,2016,45(10):59-66.

[47] ZHANG W P,ZHAO B,YANG Q Z,et al. Design and test of intelligent inspection and monitoring system for cotton bale storage based on RFID[J]. Scientific Reports,2022,12(1):1-16.

[48] 陶胜.一维条形码生成与识别技术[J].电脑编程技巧与维护,2010(7):68-73.

[49] 鲍磊磊,吴嘉伟,姜淑杨,等.ZigBee和4G异构网络下的智慧农业监控系统设计[J].电子测量技术,2019,42(23):19-24.

[50] 谢鸣.无线传感网络节点操作系统网络协议栈研究及实现[D].杭州:浙江大学,2008.

[51] 范毓林.无线局域网研究综述[J].现代信息科技,2019,3(9):60-61,64.

[52] 冯宪光.无线局域网技术发展现状及未来趋势[J].计算机产品与流通,2019(4):88.

[53] 张淇治,张鑫鹏.无线局域网技术发展现状及未来趋势[J].电子技术与软件工程,2019(1):9.

[54] 赵一霈.无线局域网技术[J].电子技术与软件工程,2018(9):14.

[55] 赵章明,冯径.基于IEEE 802.11无线局域网切换技术研究[J].计算机技术与发展,2018,28(10):1-7.

[56] 于劲俊.基于Wi-Fi技术构建城域无线网络[J].中国有线电视,2018(5):598-602.

[57] 段静波.无线WiMAX技术的特点与应用研究[J].通信电源技术,2019,36(3):188-189.

[58] 王腾,金纯,黄琼.应用于NB-IoT/WLAN/WiMAX的多频微带天线[J].电子器件,2019,42(6):1518-1521.

[59] 孙亚南,潘中强.IEEE 802.16中支持QoS的有效带宽分配机制[J].计算机与现代化,2016(9):25-29,34.

[60] 钱垚.现代无线通信技术的现状与发展趋势分析[J].通讯世界,2017(3):87-88.

[61] 张雪.基于蓝牙4.0的设备通信方案设计与实现[J].中国新通信,2016,18(23):34-35.

[62] 游子鑫.基于蓝牙5.0的真无线立体音箱设计[J].科技与创新,2020(10):4-6.

[63] 王勇军,蔡沂.ZigBee通信协议与应用课程阶段教学探索[J].无线互联科技,2016(12):3-4.

[64] 李晓歌,王辉.基于Wi-Fi和ZigBee技术的人体区域网络的性能分析[J].实验技术与管理,2019,36(9):49-52,81.

[65] 谷代平,朱人杰,黄炎,等.DTN协议栈的研究及网关设计[J].数字通信世界,2019(2):84-86.

[66] 温卫.基于密度聚类的容迟网络路由协议[J].北京邮电大学学报,2020,43(5):137-142.

[67] 訾玲玲,丛鑫.基于附链的容迟网络区块链贸易机制[J].通信学报,2020,41(11):151-159.

[68] 杜建新.移动通信技术发展及应用探析[J].电子世界,2021(7):7-8.

[69] 贾光磊.分析移动通信网络优化现状及发展策略[J].中国新通信,2016,18(19):35.

[70] 郭伟.4G移动通信网络技术与应用[J].电子技术与软件工程,2016(15):14.

[71] 张玉元.4G网络通信标准的探讨[J].数字与缩微影像,2015(3):28-29.

[72] 容经雄.5G移动通信网络关键技术及研究[J].中国新通信,2021,23(22):1-3.

[73] 魏鹏程.5G背景下大数据分析在移动通信网络优化中的应用[J].数字通信世界,2021(9):168-169.

[74] 杜滢,朱浩,杨红梅,等.5G移动通信技术标准综述[J].电信科学,2018,34(8):2-9.

[75] 刘光毅,邓娟,郑青碧,等.6G智慧内生:技术挑战、架构和关键特征[J].移动通信,

2021,45(4):68－78.

[76] 栾宁,熊轲,张煜,等. 6G:典型应用、关键技术与面临挑战[J]. 物联网学报,2022, 6(1):29－43.

[77] HANDIGOL N,SEETHARAMAN S,CKEOWN N,et al. Plug-n-Serve:load-balancing web traffic using openflow[C]. Barcelona:Proceedings ACM SIGCOMM Demo,2009.

[78] AGARWAL S,KODIALAM M,LAKSHMAN T V. Traffic engineering in software defined networks[C]. Turin:IEEE INFOCOM,2013.

[79] MOSHREF M,YU M,GOVINDAN R,et al. Dream:dynamic resource allocation for software-defined measurement[C]. New York:SIGCOMM,2014.

[80] GRIGORIOU E,BARAKABITZE A A,ATZORI L,et al. An SDN-approach for QoE management of multimedia services using resource allocation[C]. Paris:IEEE International Conference on Communications,2017.

[81] BAGCI K T,TEKALP A M. Dynamic resource allocation by batch optimization for value-added video services over SDN[J]. IEEE Transactions on Multimedia,2018,20(11): 3084－3096.

[82] YANG J,YANG B,CHEN S,et al. Dynamic resource allocation for streaming scalable videos in SDN-aided dense small-cell networks[J]. IEEE Transactions on Communications,2019:67(3):2114－2129.

[83] WANG X H,WANG K Z,WU S,et al. Dynamic Resource Scheduling in Mobile Edge Cloud with Cloud Radio Access Network[J]. IEEE Transactions on Parallel and Distributed Systems,2018,11(29):2429－2445.

[84] WAN X,YIN J,GUAN X,et al. Dynamic resource management for cooperative cloudlets edge computing[C]. Hangzhou:Proceedings of 27th International Conference on Computer Communication and Networks,2018.

[85] CHEN M,LI W,FORTINO G,et al. A dynamic service migration mechanism in edge cognitive computing[J]. ACM Transactions on Internet Technology,2019,19(2):1－15.

[86] LIU L,HUANG H,TAN H,et al. Online DAG scheduling with on-demand function configuration in edge computing,wireless algorithms,systems,and applications[J]. Lecture Notes in Computer Science,2019,11604:213－224.

[87] SAHNI Y,CAO J N,YANG L. Data-aware task allocation for achieving low latency in collaborative edge computing [J]. IEEE Internet of Things Journal, 2019, 6 (2): 3512－3524.

[88] FAN K,PAN Q,WANG J,et al. Cross-domain based data sharing scheme in cooperative edge computing[C]. CA,San Francisco:IEEE International Conference on Edge Computing,2018.

［89］XU J,PALANISAMY B,LUDWIG H,et al. Zenith：Utility-aware resource allocation for edge computing ［C］. Honolulu, HI：IEEE International Conference on Edge Computing,2017.

［90］TALEB T,KSENTINI A,FRANGOUDIS P A. Follow-me cloud：when cloud services follow mobile users ［J］. IEEE Transactions on Cloud Computing, 2019, 7（2）：369-382.

［91］CHEN Y T,LIAO W J. Mobility-aware service function chaining in 5G wireless networks with mobile edge computing［C］. China,Shanghai：ICC 2019-2019 IEEE International Conference on Communications,2019.

［92］韩璇,袁勇,王飞跃.区块链安全问题:研究现状与展望[J].自动化学报,2019, 45(1):206-225.

［93］王晨旭,程加成,桑新欣,等.区块链数据隐私保护:研究现状与展望[J].计算机研究与发展,2021,58(10):2099-2119.

［94］袁勇,王飞跃.区块链技术发展现状与展望[J].自动化学报,2016,42(4):481-494.

［95］朱岩,王巧石,秦博涵,等.区块链技术及其研究进展[J].工程科学学报,2019, 41(11):1361-1373.

［96］张亮,李楚翘.区块链经济研究进展[J].经济学动态,2019(4):112-124.

［97］汪汇涓,徐倩,周爱莲,等.区块链的发展历程及在农业领域的应用展望[J].农业大数据学报,2021,3(3):76-86.

［98］张衍斌.区块链引领电子商务新变革[J].当代经济管理,2017,39(10):14-22.

［99］邵奇峰,金澈清,张召,等.区块链技术:架构及进展[J].计算机学报,2018,41(5): 969-988.

［100］王群,李馥娟,王振力,等.区块链原理及关键技术[J].计算机科学与探索,2020, 14(10):1621-1643.

［101］傅丽玉,陆歌皓,吴义明,等.区块链技术的研究及其发展综述[J].计算机科学, 2022,49(A1):447-461,666.

［102］魏松杰,吕伟龙,李莎莎.区块链公链应用的典型安全问题综述[J].软件学报, 2022,33(1):324-355.

［103］刘海鸥,何旭涛,李凯,等.区块链数据溯源机制研究综述[J].情报杂志,2022, 41(7):100-106,40.

［104］代闯闯,栾海晶,杨雪莹,等.区块链技术研究综述[J].计算机科学,2021,48(A2): 500-508.

［105］沈鑫,裴庆祺,刘雪峰.区块链技术综述[J].网络与信息安全学报,2016,2(11): 11-20.

［106］韩璇,刘亚敏.区块链技术中的共识机制研究[J].信息网络安全,2017(9):

147-152.

[107] 刘懿中,刘建伟,张宗洋,等.区块链共识机制研究综述[J].密码学报,2019,6(4):395-432.

[108] 王化群,吴涛.区块链中的密码学技术[J].南京邮电大学学报(自然科学版),2017,37(6):61-67.

[109] 欧阳丽炜,王帅,袁勇,等.智能合约:架构及进展[J].自动化学报,2019,45(3):445-457.

[110] 贺海武,延安,陈泽华.基于区块链的智能合约技术与应用综述[J].计算机研究与发展,2018,55(11):2452-2466.

[111] 刘敖迪,杜学绘,王娜,等.区块链技术及其在信息安全领域的研究进展[J].软件学报,2018,29(7):2092-2115.

[112] 祝烈煌,高峰,沈蒙,等.区块链隐私保护研究综述[J].计算机研究与发展,2017,54(10):2170-2186.

[113] 张亮,刘百祥,张如意,等.区块链技术综述[J].计算机工程,2019,45(5):1-12.

[114] 马春光,安婧,毕伟,等.区块链中的智能合约[J].信息网络安全,2018(11):8-17.

[115] 武岳,李军祥.区块链P2P网络协议演进过程[J].计算机应用研究,2019,36(10):2881-2886,2929.

[116] 袁勇,倪晓春,曾帅,等.区块链共识算法的发展现状与展望[J].自动化学报,2018,44(11):2011-2022.

[117] 向阿新,高鸿峰,田有亮.基于改进P2PKHCA脚本方案的比特币密钥更新机制[J].计算机科学,2021,48(11):159-169.

[118] 张延华,杨兆鑫,杨睿哲,等.基于区块链的农产品追溯系统[J].情报工程,2018,4(3):4-13.

[119] 刘家稷,杨挺,汪文勇.使用双区块链的防伪追溯系统[J].信息安全学报,2018,3(3):17-29.

[120] LENG K J,BI Y,JING L B,et al. Research on agricultural supply chain system with double chain architecture based on blockchain technology[J]. Future Generation Computer Systems,2018,86:641-649.

[121] 董玉德,丁保勇,张国伟,等.基于农产品供应链的质量安全可追溯系统[J].农业工程学报,2016,32(1):280-285.

[122] 郑火国,刘世洪,胡海燕.食品安全追溯链构建研究[J].中国农业科技导报,2016,18(1):81-86.

[123] 郑开涛,刘世洪,胡海燕.农产品质量安全溯源多边平台的追溯机制研究[J].江苏农业科学,2018,46(10):221-223.

[124] 柳祺祺,夏春萍.基于区块链技术的农产品质量追溯系统构建[J].高技术通讯,

2019,29(3):240-248.

[125] 蔡维德,郁莲,王荣.基于区块链的应用系统开发方法研究[J].软件学报,2017,28(6):1474-1487.

[126] 仵冀颖,杜聪,马志远.应用于食品追溯体系的区块链架构设计[J].计算机应用与软件,2019,36(12):46-50.

[127] 王可可,陈志德,徐健.基于联盟区块链的农产品质量安全高效追溯体系[J].计算机应用,2019,39(8):2438-2443.

[128] 田阳,陈智罡,宋新霞,等.区块链在供应链管理中的应用综述[J].计算机工程与应用,2021,57(19):70-83.

[129] 孙知信,张鑫,相峰,等.区块链存储可扩展性研究进展[J].软件学报,2021,32(1):1-20.

[130] YAN G,LIANG H,MING C,et al. HACCP quality traceability model and system implementation based on block chain [J]. Transactions of the Chinese Society for Agricultural Machinery,2021,52(6):369-375.

[131] CHAO X,YAN S,HONG L. Secured data storage scheme based on block chain for agricultural products tracking[C]. China,Chengdu:2017 3rd International Conference on Big Data Computing and Communications,2017.

[132] 马腾,孙传恒,李文勇,等.基于NB-IoT的农产品原产地可信溯源系统设计与实现[J].中国农业科技导报,2019,21(12):58-67.

[133] 吴晓彤,柳平增,王志铧.基于区块链的农产品溯源系统研究[J].计算机应用与软件,2021,38(5):42-48.

[134] 王志铧,柳平增,宋成宝,等.基于区块链的农产品柔性可信溯源系统研究[J].计算机工程,2020,46(12):313-320.

[135] 孙传恒,于华竟,徐大明,等.农产品供应链区块链追溯技术研究进展与展望[J].农业机械学报,2021,52(1):1-13.

[136] 田硕,解丹丹,尤其浩,等.基于大数据的进口农产品溯源系统设计与实现[J].中国农业信息,2020,32(1):39-45.

[137] 葛琳,季新生,江涛.基于区块链技术的物联网信息共享安全机制[J].计算机应用,2019,39(2):458-463.

[138] 干梓悦,林欣瑶,周东.基于区块链的农产品溯源机制[J].农村经济与科技,2021,32(1):118-122.

[139] JING Y,MING X D,NA L. Design of multi-chain traceability supervision model for grain supply chain blockchain[J]. Transactions of the Chinese Society of Agricultural Engineering,2021,37(20):323-332.

[140] 张燕丽,李波.基于主从联盟链结构的农产品供应链追溯系统方案设计[J].计算机

应用研究,2022,39(6):1638-1644.

[141] 杨信廷,王明亭,徐大明,等.基于区块链的农产品追溯系统信息存储模型与查询方法[J].农业工程学报,2019,35(22):323-330.

[142] MENG S,XIAN D J,HUANG Z L. Blockchain-based incentives for secure and collaborative data sharing in multiple clouds[J]. IEEE Journal on Selected Areas in Communications,2020,38(6):1229-1241.

[143] 陈贵川.基于区块链技术的农产品溯源系统的研究与实现[D]:重庆:重庆大学,2020.

[144] 陈锦雯,罗得寸,唐呈俊,等.基于区块链的农业物联网可信溯源体系[J].信息安全学报,2022,7(2):139-149.

[145] 范贤丽.基于区块链和可定制智能合约的粮食供应链信息系统的设计与实现[D].北京:北京邮电大学,2019.

[146] 郭珊珊.供应链的可信溯源查询在区块链上的实现[D].大连:大连海事大学,2017.

[147] 郝锦涛.基于 IPFS 的分布式电商系统的研究与实现[D].北京:北京邮电大学,2019.

[148] 黄姗.基于智能合约的林果可信溯源系统研究[D].合肥:安徽农业大学,2020.

[149] 李杨.基于区块链技术的农产品溯源系统[D].南昌:南昌大学,2021.

[150] 吕宝庆.农产品溯源中区块链结构设计与存储研究[D].石家庄:石家庄铁道大学,2021.

[151] 梅育荣.基于区块链的农产品供应链溯源系统的设计与实现[D].南京:南京邮电大学,2021.

[152] 王志铧.基于区块链的农产品柔性追溯模型研究[D].泰安:山东农业大学,2020.

[153] 吴晓彤.基于区块链的农产品可信溯源系统研究与实现[D].泰安:山东农业大学,2020.

[154] 杨信廷,孙传恒,钱建平,等.基于 UCC/EAN-128 条码的农产品质量追溯标签的设计与实现[J].包装工程,2006(3):113-114.

[155] 杨信廷,孙传恒,钱建平,等.UCC/EAN-128 条码在农产品安全追溯中的应用[J].计算机工程与应用,2007(1):242-244.

[156] 张成海.完善机制 共享数据 统一追溯编码标准:追溯的历史、现状、趋势与对策[J].中国自动识别技术,2018(1):31-39.

[157] 张国英.基于区块链的数据溯源技术的研究[D].南京:南京邮电大学,2019.

[158] 周家栋.面向区块链的农产品溯源信息存储方法研究[D].合肥:安徽农业大学,2021.

[159] ABEYRATNE S A,MONFARED R P. Blockchain ready manufacturing supply Chain

using distributed ledger[J]. International Journal of Research in Engineering and Technology,2016,5(9):1-10.

[160] ALI D,MARCO S,KANHERE S,et al. Blockchain: a distributed solution to automotive security and privacy[J]. IEEE Communications Magazine,2017,55(12):119-125.

[161] ANDROULAKI E,MANEVICH Y,MURALIDHARAN S, et al. Hyperledger fabric: a distributed operating system for permissioned blockchains [C]. Proto Portugal: Eurosys'18:Proceedings of the Thirteenth Eurosys Conference,2018.

[162] DONG Z,CHEN J,CHEN Y,et al. Food traceability system based on blockchain[C]. ICASIT 2020: 2020 International Conference on Aviation Safety and Information Technology,2020.

[163] PORTMANN E. Rezension "blockchain: blueprint for a new economy"[J]. HMD Praxis der Wirtschaftsinformatik,2018,55(6):1362-1364.

[164] GALVEZ J F,MEJUTO J C,SIMAL-GANDARA J. Future challenges on the use of blockchain for food traceability analysis[J]. Trends in Analytical Chemistry,2018,107: 222-232.

[165] JIN S S,ZHANG Y,XU Y N. Amount of information and the willingness of consumers to pay for food traceability in China[J]. Food Control,2017,77(1):163-170.

[166] PAN C T,MENG-JU L,HUANG N F,et al. Agriculture blockchain service platform for farm-to-fork traceability with IoT sensors[C]. Spain,Barcelona:2020 International Conference on Information Networking (ICOIN),2020.

[167] XIE C, GUO H Y, HE D F. Research on the construction of traceability system for ecommerce agricultural products quality and safety in china based on blockchain[C]. China,Wuhan:4th Annual International Conference on Social Science and Contemporary Humanity Development,2018.

[168] YAN T,CHEN W,ZHAO P,et al. Handling conditional queries and data storage on hyperledger fabric efficiently[J]. World Wide Web,2021,24(1):441-461.

[169] YANG Q,LU R,RONG C,et al. Guest editorial the convergence of blockchain and IoT: opportunities,challenges and solutions [J]. IEEE Internet of Things Journal, 2019, 6 (3):4556-4560.